C++

少儿编程轻松学

写给中小学生的零基础教程

左凤鸣 著

人民邮电出版社

北京

图书在版编目（CIP）数据

C++少儿编程轻松学 ： 写给中小学生的零基础教程 / 左凤鸣著. -- 北京 ： 人民邮电出版社，2020.4
（少儿学编程）
ISBN 978-7-115-53200-8

Ⅰ．①C… Ⅱ．①左… Ⅲ．①C++语言－程序设计－少儿读物 Ⅳ．①TP312.8-49

中国版本图书馆CIP数据核字(2019)第291649号

内 容 提 要

科技发展日新月异，我们逐步进入了人工智能时代，编程已经不是一种特殊技能，每个感兴趣的人都可以尝试。编程对人的逻辑思维、动手能力等是一种很好的锻炼，中小学生不仅可以通过编程拓展思维，还可以动手体验科技带来的乐趣，在代码的世界里，提升自身综合实力。

本书由浅入深地引导读者学习 C++编程，涉及变量、分支、循环、数组、字符串、函数等重要知识点，同时总结了程序调试技能、编程规范、考试经验等。本书包含丰富实用的代码示例，旨在帮助学生快速入门 C++编程，并能够在案例的引导下，进一步夯实 C++编程技能，轻松应对各类编程竞赛。除此之外，本书还提供了配套的题库供读者自行练习，并辅以代码作业检测平台，帮助家长和学生做好课后练习与学习效果评估。

◆ 著　　　　　左凤鸣
　责任编辑　　胡俊英
　责任印制　　王　郁　焦志炜

◆ 人民邮电出版社出版发行　　北京市丰台区成寿寺路 11 号
　邮编　100164　　电子邮件　315@ptpress.com.cn
　网址　http://www.ptpress.com.cn
　北京九天鸿程印刷有限责任公司印刷

◆ 开本：720×960　1/16
　印张：17　　　　　　　　　　2020 年 4 月第 1 版
　字数：278 千字　　　　　　　2024 年 9 月北京第 23 次印刷

定价：79.80 元

读者服务热线： (010)81055410　印装质量热线： (010)81055316
反盗版热线： (010)81055315
广告经营许可证：京东市监广登字20170147号

来自各界的推荐和点评

来自专家的推荐

学习编程，让孩子学会如何与计算机沟通，怎样与未来对话。本书简洁、通俗、有趣，步步进阶，是值得推荐的入门读物。

——杨晋

中国电子学会普及工作委员会副秘书长

青少年软件编程等级考试标准工作组组长

全国青少年电子信息智能创新大赛组委会秘书长

C++是一门非常优秀的程序设计语言，从某种角度来说，它才是人工智能领域最重要的语言。但是因其涉及的概念多、内容广、语法复杂，令不少零基础的初学者，特别是中小学生感到入门难。本书作者有丰富的教学经验，通过由浅入深的范例，结合历年真题或模拟题，在引领孩子开展实践学习的同时帮助孩子有准备地面对各类赛事。

——李梦军

"编程日"发起人

全国青少年软件编程等级考试标准工作组专家

本书深入浅出、案例丰富并且贴近青少年，是一本青少年学习C++的好教材。期待同学们不但能从中学到编程知识，还能学到解决问题的思路！

——向金

中国人工智能学会中小学工作组委员

中国电子学会Python编程等级考试标准起草人和命题组核心成员

中国电子学会Scratch编程等级考试命题人

左老师的书浅显易懂，生动有趣，有良好的代码规范，还有配套题库供读者练习，非常适合中小学生的C++入门学习，在此强烈推荐大家在入门阶段使用。

——代文

全国中小学生创·造大赛评委

杭州市创客节评委

本书就像一本行动指南，指引着我们从零基础入门学习C++过渡到参加编程竞赛。此外，别忘了提交每章最后的编程作业。

——靳舜尧

蓝桥杯大赛讲师

本书兼顾实操性和理论基础，不愧为青少年入门C++编程的一本好书。

——曹胜标

第二课堂教育创始人

《C++少儿编程轻松学》这本书深入浅出地讲解了C++语法知识，内容丰富，全彩印刷，实用性强。同时配有完善的编程例题和在线题库，可以有效提高同学们的动手能力，我在这里推荐给广大的初学者。

——闫学灿

曾获得NOI金牌，保送北京大学

编程是互联网、人工智能等高新技术的基础和核心。学习编程并不只是掌握编程的能力，更重要的是训练孩子的编程思维。本书选择C++这种非常流行的语言，基于中小学生的认知发展水平，内容深入浅出、简洁明了，以培养学生编程兴趣、锻炼逻辑思维为出发点，鼓励学生主动思考、大胆想象，全面提升计算机编程的综合能力。

——程文鹏

玛塔创想科技有限公司COO

少儿编程教育一直缺少比较合适的教材，左老师的这本《C++少儿编程轻松学》挑战了少儿编程中比较难的部分，是对C++少儿编程的一种新的尝试。书中内容详尽又简洁明了，用例得当，无论作为参考资料还是辅导教材，都是青少年学习C++编程不可或缺的一本好书。

——刘英

北京图灵学院创始人

来自经典好书作者的推荐

学习编程对一个人思维的培养是非常有益的，特别是创造性思维、逻辑思维和计算思维。本书深入浅出，每个小节都可以进行阶段练习，且配有题库，它们可以帮助你扫除学习障碍，巩固已有知识。左老师拥有丰富的培训经验，相信你跟随着他的思想和教学路径前行，一定能顺利入门C++。

——李泽

《Scratch高手密码》《计算思维养成指南》作者

"科技传播坊"UP主

随着少儿编程教育日益普及，迫切需要通俗易懂、真正适合零基础读者的C++编程书籍。一本好书不仅能够使学生轻松学习编程，更重要的是激发学生对计算机及人工智能的兴趣。《C++少儿编程轻松学》一书由浅入深、循序渐进，通过大量的程序范例讲解知识点，非常适合零基础的孩子学习和理解，是一本轻松学习C++编程的入门好书。

——陈小玉

《趣学算法》《趣学数据结构》作者

本书目录结构清晰，涵盖C++的基础语法知识，同时还附加了实例和编程练习。对初学C++的读者来说是一本非常不错的入门图书。

——刘凤飞

《Python真好玩》《Scratch真好玩》作者

"果果老师"公众号运营者

这是一本适合零基础中小学生系统学习C++编程的书，知识点丰富并结合了大量编程实例，配套的在线编程题库可以更好地帮助中小学生练习和检测学习效果，为参加信息学奥赛或其他编程竞赛打下坚实的基础。

——董付国

《Python程序设计》系列教材作者

在信息时代，除了母语和外语，我们还应当掌握一种编程语言，如Scratch、Python、C/C++。少儿编程方兴未艾，需要更多更好的编程教材。本书作者根据多年教学经验编写的这本C++入门指南，懂得取舍，编排得当，强调动手实践，能够帮助零基础的中小学生轻松学习C++编程。

——谢声涛

《Scratch趣味编程进阶》《Scratch编程从入门到精通》《Python趣味编程》作者

编程科普作家、三言学堂编程社区运营者

如果说汉语是使用人数最多的语言，英语是国际通用语言，那么编程语言则兼具两者的特点。让每一个孩子了解编程、学习编程、爱上编程，这是编程教学工作者的心愿。感谢左老师将积累多年的教学经验融入本书，也希望本书能为读者们带来帮助。

——徐定华（仔爸）

《跟仔爸学Scratch项目制作》作者

来自老师的诚恳推荐

自2017年国务院发文推广人工智能和普及编程教育以来，图形化编程逐渐进入大众视野并得到了较好的发展，但和信息学奥赛相关的C++普及之路并不顺畅。左凤鸣老师的《C++少儿编程轻松学》，经过近千名学生的验证，不仅填补了市场的空白，而且知识点全面，内容有趣易懂，案例生动贴近生活，非常适合零基础的中小学生、编程爱好者和从业者入门学习。

——段伟景

临汾市第一实验中学信息技术教师

程序设计语言是数学和现实世界之间的桥梁，是"互联网+"时代从底层逻辑理解世界的方式之一。而C++是软硬件一体化编程语言无可替代的选择，欢迎你通过这本资源丰富的书进入C++的世界。

——冯潇

重庆邮电大学C++课程老师

这本书是面向青少年编程爱好者的一本零基础起点的C++入门教材。作者长期从事青少年信息竞赛培训工作，具备丰富的教学经验，擅长从学生易于理解的角度出发来构建知识框架。本书内容通俗易懂，以贴近生活的实例出发，逐步过渡到知识点的学习，易于激发学生的学习兴趣，值得推荐。

——何静媛

重庆大学计算机学院副教授

这是我看过的最用心写的一本C++入门书。

——李兴球

著名Python讲师

来自家长的中肯点评

我是一个与孩子（二年级小学生）共同学习编程的家长，即将从Scratch向高级语言进阶。这本书打破了我在大学时代学习C语言时形成的对计算机高级语言枯燥、难学的认知，学习C++可以与学习Scratch一样有趣，并更有挑战性。我相信通过这本书我可以学好C++，并成为孩子学习编程的启蒙者！同时，这本书语言通俗易懂，思路清晰，也适合三年级以上的孩子独自阅读学习！

——迪迪妈

少儿编程教育推广者，启迪少儿微信公众号创始人

中小学生接受编程素质教育是适应时代要求的先手准备，与此同时，时

代的变革也要求家长与孩子共同进步，当好学习型家长。这是一本适合中小学生零基础学习C++的启蒙书，也是适合编程零基础、对编程有误解和畏难情绪的家长学习编程的入门书，是适合亲子共同学习的好书！

——读者陈女士

作为信息时代的创造者，中小学生学习编程已经是时代的需要。左凤鸣老师的《C++少儿编程轻松学》彩色印刷，还原真实编程场景，同时配套线上练习题库，是非常适合初学C++编程的一本好书！

——读者陶静

前　言

写作本书的目的

　　当代社会处于科技时代，学校和家长越来越重视科技教育以及人工智能方面的课程，编程也逐渐成为新时代青少年的必备技能。我从事青少年编程教育有七年多，也一直从事一线的C++编程教学和课程研发工作，主要面向零基础的中小学生。在这些年的教学过程中，我发现市面上缺少真正适合零基础的中小学生系统性学习C++编程的书籍。面对C++编程教育，许多家长、中小学校、少儿编程机构、机器人培训机构、大学老师以及孩子本人都有很多的苦恼，而本书就可以帮助大家解决这些苦恼。

　　关于家长的苦恼。在教学的过程中，我意识到大多数让孩子学编程的家长，自己并不懂C++编程。于是当孩子编写了作业程序，家长却不能检查和判断作业的正确性，也无法检验孩子学习编程的阶段性效果。也就是说，孩子学会了没有？学到了多少？学到了什么阶段？家长完全是无从掌握。本书专门配套了在线作业检测系统，帮助家长和孩子检测所写程序的正确性，检验学习效果。

　　关于中小学、青少年编程培训机构和机器人教育机构的苦恼。这些年我和很多编程教育的负责人以及一线老师交流过C++的教学方式和经验，发现很多机构都苦于缺少一本适合教学的图书以及配套的教学课件。本书的编写思路以及知识点的设置和作业的安排都是按照学校和培训机构里良好的教学方式进行设计的。本书有配套的教学课件，中小学校和各个培训机构的老师完全可以按照本书的内容和课件进行教学。

关于学生的苦恼。其实现在很多孩子是喜欢编程的，对编程是感兴趣的。但是他们却苦于没有一本真正适合零基础读者系统性学习的图书。我在多年的教学过程中发现，孩子喜欢通过实例程序的方式学习。如果脱离程序用单纯的文字叙述来讲解，对孩子来说太抽象，他们很难理解，注意力也很难集中。本书在讲解的方式上注重通过大量的程序范例进行知识点的展示、分解和剖析，孩子学习起来会更易于接受和理解。

关于大学老师的苦恼。编程有助于逻辑思维的锻炼和动手能力的提升，在中小学阶段学过编程的学生在大学阶段更容易在专业学习中表现突出。与此同时，老师们也会有一点苦恼，就是很多这类学生在开始学编程的时候没有养成良好的编码规范和编程习惯。这些不好的编码规范和编程习惯对于初级阶段的学习没有太大的影响，但是当进入高级阶段的学习以及需要和他人进行合作交流的时候就会产生比较大的影响了。所以本书在程序范例的呈现上，特意进行了精心的设计，书中的代码展示效果和在编程软件上看到的效果是完全一样的，可以说是真实地在书中还原了程序本来的样子。书中所有代码的颜色和效果都跟编辑环境里的代码一样，代码的风格也严格符合标准的程序规范，让零基础的孩子从最开始学习的时候就养成良好的编码规范和编程习惯。

读者对象

本书适合的读者对象：
- 小学三年级以上、零基础且对C++编程感兴趣的学生；
- 准备参加全国青少年信息学奥林匹克竞赛的学生；
- 准备参加NOIP或CSP-J/S竞赛的学生；
- 准备参加全国青少年软件编程等级考试的学生；
- 准备参加蓝桥杯大赛的学生；
- 准备参加青少年人工智能和编程技术相关考试的学生。

如何阅读本书

本书按照由浅入深、循序渐进的模式进行设计，内容通俗易懂、实战性强，结合了丰富的编程示例，非常适合零基础的中小学生。

书中的"学前预热"部分特意针对零基础的学生归纳和整理了一些常用的编程英语单词和数学知识。零基础的学生可以先行了解这部分内容，有个大概的了解和印象，在学习后面知识的过程中有不懂的地方可以直接查阅。

编程是一门实践性的学科，必须多动手、多操作。建议读者先按照在本书"学前准备"部分安装好编程工具并关注作业检测公众号。读者从学习本书的第1章开始就要用书中介绍的集成开发环境进行编程练习，并通过公众号进行作业检测。

读者在学习本书时，一定要按照从第1章到第7章的顺序进行阅读和练习。各个章节的知识点环环相扣，后一章的内容会穿插前面章节的知识点。各个章节也都是按照"程序范例→用法→实例讲解→阶段性编程练习→作业"的模式进行知识点的讲解和强化。

在学习的时候，先动手编写并运行最开始的程序范例，使自己有一个初步的体会和理解，然后带着一些疑问再继续后面的学习，学习完知识点后再通过实例讲解进行升华，最后通过阶段性编程练习和作业进行学习效果的检测和巩固。

无论是基于兴趣的编程学习还是为参加信息学奥赛或软件编程等级考试、蓝桥杯大赛等做准备，本书都可以实现顺利引导和教学。本书不但讲解了C++编程的基础知识，而且结合了信息学奥赛和软件编程等级考试的题型，许多例题、练习题、作业题都是直接采纳或模拟比赛的真题。学完本书后，读者能够打下坚实的编程基础，掌握扎实的理论和编程技巧，也有助于大家顺利进入算法和数据结构的高阶学习。

阅读本书的一些建议

1. 多动手

本书在讲解知识点的过程中结合了丰富的程序范例，大家在学习的过程中一定要多动手，在计算机上实践这些代码，动手编写程序。

2. 多练习

书中的程序范例和例题不能只是简单地看一下，要把这些程序在自己的计算机上编写并运行一遍，以此加深理解。

3. 多刷题

每章的练习和作业题目一定要自己动手做出来，可以关注配套的作业检测微信公众号进行作业的检测和判断。只有检测通过，才能说明你写的程序是正确的。另外，除书中的题目以外，有余力的同学还应尽可能地多做题库中的其他编程题目。

关于勘误

虽然作者花了很多时间和精力去核对书中的文字、代码和图片，但仍然难免会有一些错误和纰漏。如果读者发现什么问题或者有任何建议，恳请反馈于我，相关信息可发到我的邮箱 zuofengming@foxmail.com。

左凤鸣

学前预热

虽然中小学生已经在学习英语，但和编程相关的英语基本没有涉及，而程序是全英文编写，如果学生没有相关的英文知识储备，学习起来会比较吃力。所以在正式学习编程之前，本书归纳和整理了一些编程常用的英文单词。

另外，在编写程序的过程中，你会用到很多数学知识，很多题目就是用计算机来解决一些数学问题，因此数学知识的积累对学习编程也非常重要。反过来，学习编程对大家学习数学和英语也都有直接的帮助和促进作用。

1. 英语预热——C++编程常用单词整理

（1）程序框架常用单词

英语	含义
include	包含，包括
input	输入，将……输入计算机（C++里iostream中的i）
output	输出（C++里iostream中的o）
stream	（数据）流（C++里iostream中的stream）
using	使用
namespace	命名空间

英语	含义
standard	标准（C++里简写的std）
main	主要的（C++里的主函数）
return	返回
math	数学
void	空的
error	错误（当程序编译错误时，在提示信息里会显示）
before	在……之前（当程序编译错误时，有时会在提示信息里显示）
expected	预期的；期盼（当程序编译错误时，有时会在提示信息里显示）

（2）数据类型常用单词

英语	含义
int	整数
short	短的
long	长的
float	浮动，浮点数（单精度）
double	两倍，浮点数（双精度）
bool	布尔型
character	字符（C++中简写为char）
string	字符串；线，一串（C++里字符串头文件cstring中的string）

（3）程序命令常用单词

英语	含义
out	出局，出去，离开（C++里输出命令cout中的out）
in	里面，进入（C++里输入命令cin中的in）
end	结束（C++里结束换行命令endl中的end）
line	行（C++里结束换行命令endl中的l）
print	打印（C++里格式化输出命令printf中的print）
format	格式，使格式化 （C++里格式化输出命令printf中的f）
scan	扫描（C++里格式化输入命令scanf中的scan）
if	如果
else	否则，另外
switch	开关，转换，交换器

英语	含义
case	情况，实例
default	默认值
break	破坏，终止，跳出循环
continue	继续，继续(下一次)循环
true	真，真的
false	假，假的
for	为了；for循环
while	在……期间，直到；while循环
do	做
get	获得
getchar	字符输入
put	放，放置
putchar	字符输出
length	长，长度（C++里strlen中的len）
compare	比较（C++里strcmp中的cmp）
number	数，数字（C++里strncmp中的n）
copy	复制（C++里strcpy中的cpy）
concatenate	连接（C++里strcat中的cat）
ceil	天花板（C++里的向上取整函数）
floor	地板（C++里的向下取整函数）
sqrt	开平方根（C++里的平方根值函数）

2. 数学预热——常用数学知识和公式

（1）长方形、梯形、圆形面积，圆柱体体积公式

图形	公式	描述
长方形	面积公式：$S = a \times b$	公式中的a和b分别是长方形的长和宽，S为面积
梯形	面积公式：$S = (a+c) \times h \div 2$	公式中的a和c分别是梯形上下底，h为梯形的高
圆形	面积公式：$S = \pi \times r \times r$	公式中的r为圆的半径，π表示圆周率
圆柱体	体积公式：$V = \pi \times r \times r \times h$	底面积（S）×高（h），先求底面积（圆），然后乘以高

（2）平方、立方、开方、n次方（乘方/幂运算）

数学运算	描述	例子
平方	两个相同数的乘积	2的平方是2×2，3的平方是3×3，所以2的平方等于4，3的平方等于9；平方又叫二次方
立方	三个相同数据的乘积	2的立方是2×2×2，3的立方是3×3×3，所以2的立方等于8，3的立方等于27；立方又叫三次方
n次方（乘方/幂运算）	设a为某数，n为正整数，a的n次方表示为a^n，就是n个a连乘所得的结果	2的4次方表示4个2相乘，即$2^4 = 2×2×2×2 = 16$。次方也称为乘方，求n个相同因数乘积的运算，就叫乘方，乘方的结果叫作幂（power）；所以"2的4次方"也可以读作"2的4次幂"
开方	开方，指求一个数的方根的运算，是乘方的逆运算，例如平方或者立方的逆运算	2的平方是4，3的平方是9，对于逆运算，4的开方是2（这里的开方默认是开二次方），9的开方（开二次方）是3

（3）质数（素数）、因数（约数）

质数（prime number）又称素数，是指在大于1的自然数中，除了1和它本身外，不能被其他自然数整除的数。也就是说，该数除了1和它本身以外不再有其他的因数。例如，最小的质数是2，10以内的质数有2、3、5、7。

两个正整数相乘，那么这两个数都叫作积的因数，或称为约数。例如，$2×6 = 12$，2和6的积是12，因此2和6是12的因数。

（4）数学绝对值

在数轴上，一个数到原点的距离叫作该数的绝对值。非负数（正数和0）的绝对值是它本身，非正数（负数）的绝对值是它的相反数。例如，3的绝对值为3，−3的绝对值也为3。

（5）等差数列和等比数列

如果一个数列从第二项起，每一项与它的前一项的差等于同一个常数，这个数列就叫作**等差数列**。例如，1、3、5、7、9就是一个等差数列，它们相邻两个数的差值都等于2。

如果一个数列从第二项起，每一项与它的前一项的比值等于同一个常数，这个数列就叫作**等比数列**。例如，1、2、4、8、16就是一个等比数列，它们相邻两个数的比值都等于2。

学前准备

当某人去驾校学开车，驾校不会只给他一本书就让他学，一定会再配一辆可以实际操作的车，才能让他学会开车。小孩学骑自行车也必须要有自行车这个工具，并通过实际的操作练习才能学会。学习编程也一样，如果只是看，你是学不会编程的，必须用编程工具去实践才能真正学会编程。下面就一步一步地教大家如何安装和使用C++编程的开发工具。

1. C++编程软件工具安装

Dev C++是一个可视化集成开发环境，可以用该软件实现C++程序的编辑、预处理/编译/链接、运行和调试。

（1）关注图1所示的公众号，读者可根据提示下载软件。

图1

（2）如图2所示，找到下载好的安装文件后，在该文件上双击，开始安装。

图 2

（3）在图3所示的界面中，单击【OK】按钮。

图 3

（4）在图4所示的界面中，单击【I Agree】按钮。

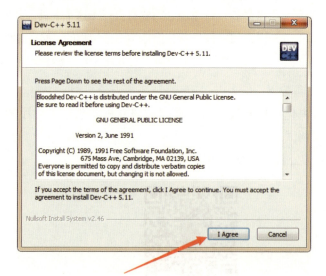

图 4

（5）在图5所示的界面中，单击【Next】按钮。

图 5

（6）在图6所示的界面中，单击【Install】按钮。

图 6

（7）在图7所示的界面中，单击【Finish】按钮。

（8）在随后出现的界面中，选择【简体中文】，并单击【Next】按钮。

（9）在图8所示的界面中，单击【Next】按钮。

图 7

图 8

（10）如图9所示，软件已经安装完成，请单击【OK】按钮。

图 9

当软件安装好之后，你就可以进行程序的编写和运行等操作了。

2. 关注公众号进行作业检测

要学好编程，自己动手练习、做作业、从题库刷题都是必不可少的。本书每个章节都搭配了阶段性的编程练习和作业，这些题目都需要学生自己编写程序来解答。

但是怎么判断学生是否做了作业，作业的完成情况如何？这又是许多家长、老师和学生面临的一个难题。

本书特意为读者配备了一个用于作业检测的微信公众号，当读者关注公众号后，根据公众号的提示，可以进入在线测评系统，在系统中可以完成作业的提交、检测和判断。此外，系统还会提供配套作业的参考答案。

读者可以扫描图10所示的二维码，关注本书配套的作业检测微信公众号"中小学零基础学编程"。

图 10

资源与支持

本书由异步社区出品，社区（https://www.epubit.com/）为您提供相关资源和后续服务。

配套资源

本书提供相关配套资源，要获得该配套资源，请在异步社区本书页面中点击 配套资源 ，跳转到下载界面，按提示进行操作即可。注意：为保证购书读者的权益，该操作会给出相关提示，要求输入提取码进行验证。

提交勘误

作者和编辑尽最大努力来确保书中内容的准确性，但难免会存在疏漏。欢迎您将发现的问题反馈给我们，帮助我们提升图书的质量。

当您发现错误时，请登录异步社区，按书名搜索，进入本书页面，点击"提交勘误"，输入勘误信息，点击"提交"按钮即可。本书的作者和编辑会对您提交的勘误进行审核，确认并接受后，您将获赠异步社区的100积分。积分可用于在异步社区兑换优惠券、样书或奖品。

扫码关注本书

扫描下方二维码，您将会在异步社区微信服务号中看到本书信息及相关的服务提示。

与我们联系

我们的联系邮箱是contact@epubit.com.cn。

如果您对本书有任何疑问或建议，请您发邮件给我们，并请在邮件标题中注明本书书名，以便我们更高效地做出反馈。

如果您有兴趣出版图书、录制教学视频，或者参与图书翻译、技术审校等工作，可以发邮件给我们；有意出版图书的作者也可以到异步社区在线提交投稿（直接访问www.epubit.com/selfpublish/submission即可）。

如果您是学校、培训机构或企业，想批量购买本书或异步社区出版的其他图书，也可以发邮件给我们。

如果您在网上发现有针对异步社区出品图书的各种形式的盗版行为，包括对图书全部或部分内容的非授权传播，请您将怀疑有侵权行为的链接发邮件给我们。您的这一举动是对作者权益的保护，也是我们持续为您提供有价值的内容的动力之源。

关于异步社区和异步图书

"异步社区"是人民邮电出版社旗下IT专业图书社区，致力于出版精品IT技术图书和相关学习产品，为作译者提供优质出版服务。异步社区创办于2015年8月，提供大量精品IT技术图书和电子书，以及高品质技术文章和视频课程。更多详情请访问异步社区官网https://www.epubit.com。

"异步图书"是由异步社区编辑团队策划出版的精品IT专业图书的品牌，依托于人民邮电出版社近30年的计算机图书出版积累和专业编辑团队，相关图书在封面上印有异步图书的LOGO。异步图书的出版领域包括软件开发、大数据、AI、测试、前端、网络技术等。

异步社区

微信服务号

目　录

第1章
编程题库和输出

1.1　程序范例

安装好软件后，双击计算机桌面上的 Dev C ++（见图1-1），启动编程环境。

图 1-1

如图1-2所示，单击【文件】→【新建】→【源代码】（或按组合键 Ctrl+N），就可以打开源代码编辑框，我们就可以在里面编写程序了。

图 1-2

编写你的第一个程序 "Hello,World!"。

在源代码编辑框里输入以下程序（请保证键盘输入法在英文状态）。

```cpp
#include <iostream>

using namespace std;

int main()
{
    cout << "Hello,World!";

    return 0;
}
```

注意　初学者常犯的错误就是编写的程序里包含了中文的符号，在编程的时候一定要用英文输入法，包括括号和标点符号，都要统一为英文的输入法，特别是每行后面的分号 "**;**" 一定要用英文的分号。

程序运行

写好以上程序后，单击【运行】→【编译运行】（见图 1-3），或者按 F11 键，计算机屏幕就会运行出 "Hello,World!" 的字样。

程序运行结果如图 1-4 所示。

图 1-3

图 1-4

小技巧　在弹出的显示框边缘，单击鼠标右键，选择【属性】（见图 1-5），可以设置背景和文字的颜色与大小（通常设置为黑色背景绿色文字）。

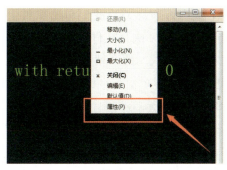

图 1-5

程序解释:

图1-6红框中的内容，对初学者来说可以理解为C++编程的框架。
程序的各部分含义如图1-7所示。

图 1-6   图 1-7

对于初学者，暂时不用深究头文件、名字空间、主函数、返回值（程序结束）这几个部分，先将其理解为程序的框架，写程序的时候要先把程序框架写出来。

在程序语句cout << "Hello,World!"中，cout是输出命令，""双引号里面的内容会原样输出到计算机屏幕，这次写的是"Hello,World!"，可以把双引号里的内容换成其他的，例如"123"或"C++编程"等，那么就会在计算机屏幕上输出"123"或"C++编程"字样（双引号里面的内容可以是中文）。

cout语句可以形象地理解为计算机的"嘴"，计算机通过cout语句"说话"。

1.2　程序编译错误处理

1.2.1　当程序报错的时候怎么处理

许多刚开始学C++编程的同学，写程序都会或多或少地出现一些错误，当程序报错时，我们怎么处理？

在 Dev C++ 软件上编写好程序，当我们单击软件上的【编译运行】后，程序会先进行编译处理，生成可执行文件（.exe），编译通过后再运行程序。但是如果你写的程序有语法错误，那么就不会编译通过，编译器在编译时会发现错误，并给出相应的错误提示信息。例如，有的读者就会遇到图1-8所示的情况。

如果你的程序在编译的时候出现类似这种某一行红色高亮的提示，说明程序有语法错误，没有编译通过。这时候，先看一下红色高亮语句的上一行是否有错。例如，图1-9中的第9行标红了，因为第8行恰好为空，所以就查看第7行哪里出错了。结合编译器下面的提示信息，如图1-9所示。

图 1-8

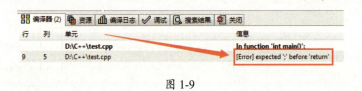

图 1-9

提示信息显示 "expected ';' before 'return'"，翻译成中文的意思就是在 return 前缺少分号。最后在第7行后面加一个分号 ";" 就可以解决这个问题。

在编写程序时，出现语法错误导致编译不通过是常见的现象。特别是刚开始学编程或者当你的程序很复杂的时候。如果程序编译不通过，首先不要着急，我们要学会阅读编译器的提示信息，根据程序中的标红显示以及编译器的相关提示信息，找到程序中的错误，并进行有针对性的修改。

当程序编译出错时，我们要养成查看编译器错误提示信息的习惯。

1.2.2　编译过程展示

在 Dev C++ 软件上编好一个程序后，可以单独编译这个程序，编译通过后会生成一个可执行文件，具体过程如下。

（1）当程序编好后，先保存源代码。

如图1-10所示，单击保存（或按组合键 Ctrl+S）。

（2）给程序文件命名。

例如命名为 test。test.cpp 就是程序的源代码，源代码可以保存在计算机上的任意文件

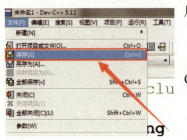

图 1-10

夹里。如图1-11所示，我的代码是保存在计算机D盘一个叫C++的文件夹里
（D:\C++）。源代码的名字和保存位置可以自己设置。

图 1-11

（3）保存好后，你的计算机里就有了一个test.cpp源文件（见图1-12）。

图 1-12

（4）如图1-13所示，单击编译（或按F9键）。

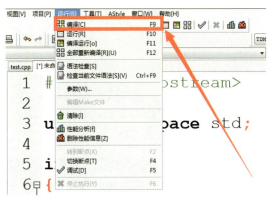

图 1-13

（5）编译通过后，在刚刚保存的源代码文件夹里，就会出现一个test.exe的可执行文件（见图1-14）。程序经过编译生成了exe格式的可执行文件。

（6）如图1-15所示，再单击运行（或按F10键），就可以直接运行之前编译好的程序。

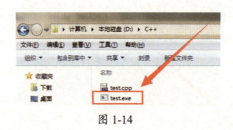

图 1-14

图 1-15

1.3　编程题库介绍

为了方便读者更好地练习和检测所编写的程序，本书配套搭建了在线题库和测评系统，学生可以把所写的程序提交到题库上，系统会在线判断程序的对错。题库也准备了其他练习题目，读者可在题库中完成其他编程练习。下面就来介绍题库的使用方法和技巧。

1.3.1　编程题库的使用方法和技巧

（1）扫描图1-16所示的二维码，关注配套的微信公众号，根据提示进入题库。

（2）进入题库后，单击【登录】按钮（见图1-17）。

图 1-16

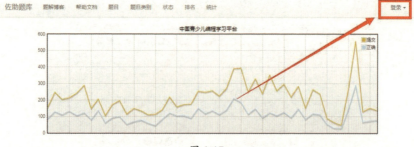

图 1-17

（3）根据所分配的账号登录，登录后建议大家先修改初始密码。

（4）如图1-18所示，根据题目编号查找题目。

单击【题目】，输入编号，然后按回车键就可以找到对应的题目。

图 1-18

如图 1-19 所示，在题目编号里输入 1033 后按回车键，就会显示出编号为 1033 的题目（见图 1-20）。

图 1-19

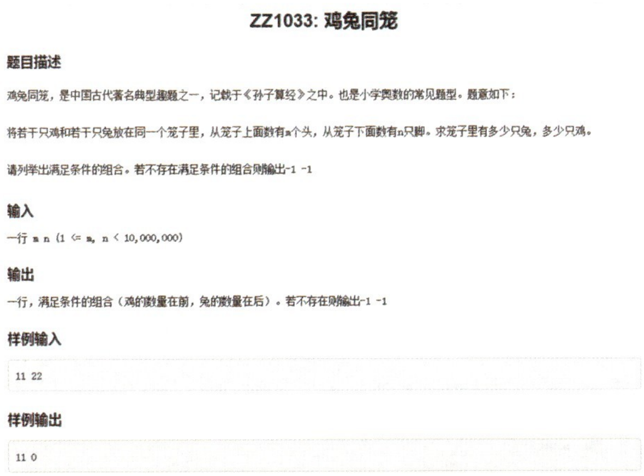

ZZ1033: 鸡兔同笼

题目描述

鸡兔同笼，是中国古代著名典型趣题之一，记载于《孙子算经》之中。也是小学奥数的常见题型。题意如下：

将若干只鸡和若干只兔放在同一个笼子里，从笼子上面数有m个头，从笼子下面数有n只脚。求笼子里有多少只兔，多少只鸡。

请列举出满足条件的组合。若不存在满足条件的组合则输出-1 -1

输入

一行 m n (1 <= m, n < 10,000,000)

输出

一行，满足条件的组合（鸡的数量在前，兔的数量在后）。若不存在则输出-1 -1

样例输入

11 22

样例输出

11 0

图 1-20

（5）提交程序。

如图 1-21 所示，根据题意编写好程序后，单击【提交】。

如图 1-22 所示，选择编译语言。如果用 C++ 编写的就选择 C++，如果用 C 语言编写的就选择 C 语言。

如图 1-23 所示，把写好的程序复制到程序栏里，再单击【提交】。

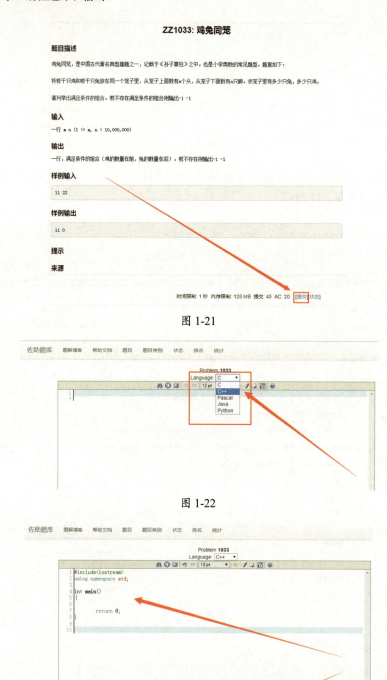

图 1-21

图 1-22

图 1-23

提交后，读者可以在状态栏里查看自己写的程序是否正确。如果错误可以单击【错误】，会显示出具体的错误（见图1-24）。

图 1-24

如图1-25所示，当你单击【错误】，会显示输入数据（data input）、正确的结果（correct output）以及你的结果（your output）。然后可以根据显示的错误进行程序修改和调试。

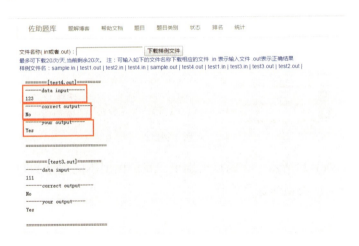

图 1-25

（6）在题目里除了编号，也可以输入题目的关键字查找题目。

如图1-26所示，当输入"鸡兔"后，就会显示和"鸡兔"相关的题目（见图1-27）。

图 1-26

图 1-27

（7）判断是否完成了作业并进行作业检测。

如图1-28所示，题库会在题目的标号前面自动加上相应的标记。

① 如果正确，则会标记绿色背景的"Y"（表示 Yes）。

② 如果错误，则会标记红色背景的"N"（表示 No）。

③ 如果没有做过该题目，则是空白，没有任何显示。

图 1-28

（8）如图1-29所示，在题目类别里，我们根据不同类型的题目进行了分类，可选择对应类型的题目练习。

图 1-29

（9）如图1-30所示，题库还提供了源码暂存功能。

如图1-31所示，单击【添加代码】按钮，读者可以把自己还没写完的程序保存到题库中，下次写程序或查看程序的时候就可以直接在题库中查询并使用。

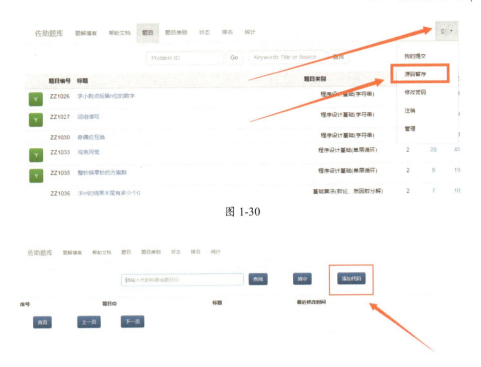

图 1-30

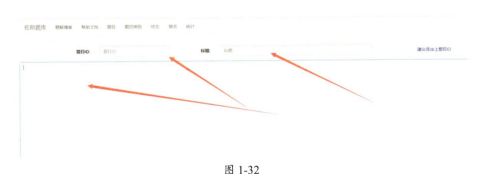

图 1-31

如图1-32所示，单击【添加代码】按钮后，就可以添加题目ID、标题以及相应的代码。

图 1-32

（10）在线保存程序。

我们会为读者在线保存作业程序，方便读者以后查看和复习自己的作业。如图1-33所示，单击【我的提交】按钮可查看自己提交的所有程序。

（11）错误程序归类功能。

题库可以把读者所有的错误作业集中归类显示，方便读者进行有针对性的复习和练习。单击【我的提交】按钮后，查看自己的所有代码，并且能根据结果再次归类显示。例如想查看自己之前所有的错误程序，请单击结果中的【答案错误】类别（见图 1-34），就会显示出所有的错误程序。

图 1-33

这样把学生所有的错误程序归类整理，有助于学生的专项突破以及有针对性的学习和练习。

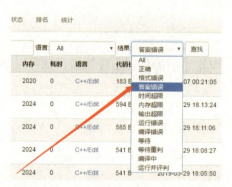

图 1-34

1.3.2　实战练习

在题库上提交我们的第一个程序题目 Hello,World!。

如图 1-35 所示，读者可以通过题目编号（1400）或者题目关键字查找。

图 1-35

ZZ1400：Hello,World!

题目描述

编写一个能够输出"Hello,World!"的程序，这个程序常常作为每个初学者接触一门新的编程语言时所写的第一个程序，也经常用来测试开发环境和编译环境是否能够正常工作。

输入

无。

输出

一行，仅包含一个字符串："Hello,World!"。

样例输出

```
Hello,World!
```

先在计算机的 Dev C++ 软件上编写程序，再按照 1.3.1 节介绍的方式，把代码提交到题库进行检测。

如图 1-36 所示，单击【提交】按钮，准备提交代码。

图 1-36

如图 1-37 所示，把 Dev C++ 软件上编写好的程序复制并粘贴到题库中。注意提交代码的时候要选择 C++。提交后，题库会自动判断所写程序的正确性。

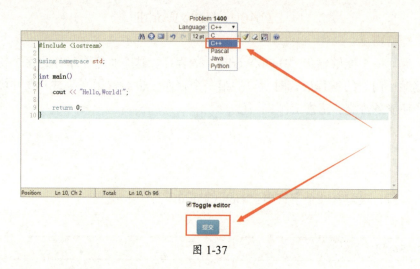

图 1-37

1.4 程序输出

1.4.1 原样输出

编写并运行以下程序。

```cpp
#include <iostream>

using namespace std;

int main()
{
    cout << "*****" << endl;
    cout << " *** " << endl;
    cout << "  *  " << endl;

    return 0;
}
```

这个程序会在计算机屏幕上输出一个用*组成的倒三角形，程序中的endl 是换行命令。

程序运行结果如图1-38所示。

图 1-38

试试没加 endl 的程序的运行效果如何。

```cpp
#include <iostream>

using namespace std;

int main()
{
    cout << "*****";
    cout << " *** ";
    cout << "  *  ";

    return 0;
}
```

程序运行结果如图 1-39 所示。

图 1-39

可以看到如果没有 endl，那么程序在运行时就不会换行。

1.4.2　运算后输出

我们可以通过编写程序让计算机完成加（+）、减（−）、乘（*）、除（/）、求模（余）（%）等算术运算。

1. 加法运算

编写并运行以下程序。

```cpp
#include <iostream>

using namespace std;

int main()
{
    cout << 1 + 1;

    return 0;
}
```

程序运行后会输出 1+1 的结果为 2，如图 1-40 所示。

图 1-40

小提示　**常量的定义**　程序中使用的一些具体的数或者字符等称为常量。常量在程序运行过程中不可以被更改，其值保持不变。例如这个程序中的数字1，以及我们之前输出的"Hello,World!"，其值都不可以被改变。

2. 减法运算
编写并运行以下程序。

```
#include <iostream>

using namespace std;

int main()
{
    cout << 2 - 1;

    return 0;
}
```

程序运行后会输出2-1的结果为1，如图1-41所示。

3. 乘法运算
编写并运行以下程序。

```
#include <iostream>

using namespace std;

int main()
{
    cout << 2 * 2;

    return 0;
}
```

程序运行后会输出2*2的结果为4，如图1-42所示。

图 1-41

图 1-42

4. 除法运算
编写并运行以下程序。

```
#include <iostream>

using namespace std;
```

```cpp
int main()
{
    cout << 1 / 2;

    return 0;
}
```

运行的结果是0，如图1-43所示。是不是很奇怪？按照算术运算1除以2应该等于0.5，可是计算机为什么会算出结果是0？

在这里我们把计算机理解为一个很"死板"的机器，程序做1除以2运算的时候，因为我们给计算机的1和2都是整数，那么计算机就会做整除，去掉小数部分，只留整数。例如1除以2的数学运算结果是0.5，但计算机是整除，就会自动把小数部分".5"去掉，就只剩0了。

图 1-43

可以这样理解：在做除法的时候，如果我们"给"计算机的是整数，那么计算机也只会"给"我们整数。

如果要让计算机在做除法时计算出带有小数的结果，只需要把程序中的任意一个整数改为小数就可以了，如果把整数2改为小数2.0，计算机就会计算出带有小数的结果了。

```cpp
#include <iostream>

using namespace std;

int main()
{
    cout << 1 / 2.0;

    return 0;
}
```

程序运行结果如图1-44所示。

图 1-44

总结 计算机编程中的除法和数学中的除法是有区别的。如果除号"/"两边都是整数，则表示整除，其结果只保留整数部分，自动舍去小数部分。

小技巧　如果用一个两位数的整数除以 10，其结果就是该两位数中十位上的数值。通过这种方法我们可以求出任意一个两位数十位上的数值。例如在程序中计算 23/10 的结果就是 2，即 23 十位上的数字。

想一想　一个 3 位数的整数想得到百位上的数值，应该怎么操作？

5. 求模（余）运算

编写并运行以下程序。

```cpp
#include <iostream>

using namespace std;

int main()
{
    cout << 5 % 2;

    return 0;
}
```

程序运行后输出 5 除以 2 的余数为 1，如图 1-45 所示。

图 1-45

小技巧　任意一个整数对 10 求余，余数就等于这个整数个位上的数值，例如 23%10 的余数就等于个位上的值 3，378%10 的余数就等于个位上的值 8。通过这种方法，我们就可以求出任意一个整数个位上的数值。

1.5　编程实例讲解

ZZ1407：计算重庆观音桥广场面积

题目描述

假设广场的长为 500 米，宽为 400 米，编写程序求出它的面积。

输入

无。

广场的面积。

编程思路

根据题意可知，该程序是计算长方形的面积，根据长方形的面积公式：面积=长×宽，计算输出。

程序代码

```cpp
#include <iostream>

using namespace std;

int main()
{
    cout << 500 * 400;

    return 0;
}
```

程序运行结果如图1-46所示。

图 1-46

1.6 第 1 章编程作业

1. 作业 1

ZZ1513：输出菱形

题目描述

用"*"输出一个对角线长为5个"*"的菱形（如样例中的图形）。

输入

无。

输出

样例中的菱形。

样例输入

无

样例输出

```
  *
 ***
```

```
*****
 ***
  *
```

2. 作业2

ZZ1408：计算重庆解放碑广场的面积

题目描述

重庆解放碑广场中间的圆形半径 $r = 30$ 米，求解放碑广场圆形的面积（ $\pi = 3.14$ ）。

输入

无

输出

解放碑广场圆形的面积。

注 完成作业后需根据图 1-47 所示的公众号的提示进行作业提交，检测所写的程序是否正确。

图 1-47

第2章
变量、输入和运算

在本章中，我们学习顺序结构程序设计，即在程序中按自上而下的顺序依次执行每条语句。

2.1 变量

有的同学喜欢玩游戏，游戏里面人物的生命值、移动速度、攻击力等会根据人物的不同阶段进行变化，并且同一个游戏里不同的人物角色属性也各不相同。你有没有想过这些游戏程序是通过什么来实现人物生命值的变化呢？这就是我们接下来要学习的变量。

2.1.1 变量程序范例

编程解决如下问题。

ZZ1406：求任意两个数的和

题目描述

对任意输入的两个整数，计算出它们的和。

输入

a b（a 和 b 为整数，范围是 −2 147 483 648 ～ 2 147 483 647）。

输出

a + b 的和。

样例输入

1 1

样例输出

2

程序代码

```cpp
#include <iostream>

using namespace std;

int main()
{
    int a,b;

    cin >> a >> b;
    cout << a + b;

    return 0;
}
```

程序运行结果如图 2-1 所示。

图 2-1

程序解释

当程序运行后，在弹出的显示框中输入 10 和 20（中间用空格隔开），再按计算机上的回车键（Enter），就会显示出 10+20 的结果为 30。

该程序的功能是任意输入两个整数（−2 147 483 648 ～ 2 147 483 647），程序自动计算并输出这两个数的和。

该程序涉及两个新知识点

① int a,b;

这一行是定义两个 int 整型的变量 a 和 b。a 和 b 是变量的名字，类似于每个人都用名字进行区分一样，在程序中也需要给变量取名以进行区分。

② cin >> a >> b;

这一行向计算机输入任意两个整数，cin是输入命令，">>"是运算符。在C++中，输入cin（运算符是>>）和输出cout（运算符是<<）就是用这种"流"的方式来实现的，使用时需包含头文件，程序语句为#include <iostream>。一个输入/输出内容对应一个运算符，例如程序输出变量a和b的命令为cout << a << " " << b;，其中<< " "的作用是用空格把输出的两个数隔开。

2.1.2 变量的用法

1. 什么是变量

我们往计算机中输入数据，需要一个东西来存储它，这时就可以定义一个变量来"存储"这些数据。变量是一个抽象的概念，我们可以把变量理解成现实生活中吃饭用的碗（见图2-2），在日常生活中，碗用来盛饭，在计算机中变量用来存数据。

图 2-2

程序会有很多数据，那么就需要很多变量来存储这些数据。这么多变量，我们怎么区分？就像每个人有自己的名字一样，变量也通过取名进行区分，可以命名为a或者b等。例如程序范例中的int a,b;，a、b就代表两个int整型变量，可以存储输入的两个整数。

其实变量就代表了计算机中的一个存储单元，在程序运行过程中其值可以改变，所以就叫作变量。

2. 变量的类型

我们生活中吃饭用的盘子和碗有不同的存储内容，有的用来放菜、有的用来放饭、有的用来放汤。

在计算机中也有用于存储不同内容的变量。我们往计算机里输入的如果是整数（例如1），那么就需要对应存储整数的变量；如果输入的是小数（例如0.5）或者字符（例如a），也需要对应能存储这些数据的变量。

接下来我们就来介绍C++中常用的变量类型。

（1）整型

整型变量可以存储整数，除了之前用过的int类型外，还有其他整型类型。常用的8种整型类型如表2-1所示。

表2-1

数据类型	定义标识符	数值范围
短整型	short	−32 768 ~ 32 767
整型	int	−2 147 483 648 ~ 2 147 483 647
长整型	long	−2 147 483 648 ~ 2 147 483 647
超长整型	long long	−9 223 372 036 854 775 808 ~ 9 223 372 036 854 775 807
无符号整型	unsigned int	0 ~ 4 294 967 295
无符号短整型	unsigned short	0 ~ 65 535
无符号长整型	unsigned long	0 ~ 4 294 967 295
无符号超长整型	unsigned long long	0 ~ 18 446 744 073 709 551 615

变量的定义

任何变量在使用之前都需要先定义，C++定义变量的形式如下：

类型名 变量名1, 变量名2, ……, 变量名n;

例如：

```cpp
int a, b, c;
long long d;
```

以上代码定义了 a、b、c 这 3 个 int 整型变量和一个超长整型变量 d。

程序实例

```cpp
#include <iostream>

using namespace std;

int main()
{
    short a;
    int b;
    long c;
    long long d;

    cout << "请输入4个整数（用空格隔开）:";
    cin >> a >> b >> c >> d;
    cout << "你刚才输入的4个整数是:";
    cout << a << " " << b << " " << c << " " << d;

    return 0;
}
```

以上程序定义了 short、int、long、long long 4 种整型变量，名字分别为 a、b、c、d，然后通过输入流和输出流进行变量的输入输出。程序运行结果如图2-3所示。

（2）实型（浮点型）

除了整数，如果向计算机输入或者存储一个小数，就需要定义一个实型（浮点型）变量（见表2-2），例如单精度浮点型float、双精度浮点型double。

图 2-3

表2-2

数据类型	定义标识符	数值范围
单精度实型	float	$-3.4E+38 \sim 3.4E+38$
双精度实型	double	$-1.7E+308 \sim 1.7E+308$
长双精度实型	long double	$-3.4E+4\ 932 \sim 1.1E+4\ 932$

注：表中的"E"表示科学记数法，例如3.4E+38就表示3.4乘以10的38次方。

程序实例

```
#include <iostream>

using namespace std;

int main()
{
    float a;
    double b;

    cout << "请输入两个小数（用空格隔开）:";
    cin >> a >> b;
    cout << "你刚才输入的两个小数是:";
    cout << a << " " << b;

    return 0;
}
```

请输入两个小数（用空格隔开）:1.5 2.5
你刚才输入的两个小数是:1.5 2.5

图 2-4

以上程序定义了float和double两个浮点型变量a和b。程序运行结果如图2-4所示。

（3）字符型

字符型char可以存储字母或者符号，例如a、b、c、感叹号（！）、加号（+）等。

程序实例

```
#include <iostream>

using namespace std;
```

```
int main()
{
    char a;

    cout << "输入任意一个字符（输入后按回车键）: ";
    cin >> a;
    cout << "你刚才输入的字符是: " << a;

    return 0;
}
```

以上程序定义了一个字符型的变量 *a*，通过键盘向计算机任意输入一个字符，将该字符存储在变量 *a* 中。程序运行结果如图 2-5 所示。

输入任意一个字符（输入后按回车键）: c
你刚才输入的字符是: c

图 2-5

（4）布尔型

程序如果只需要用到真或假两个值，这个时候就可以用布尔类型（bool）来描述真和假。

布尔类型只有两种取值——true 和 false，true 表示真，false 表示假。在 C++ 中，所有非 0 的数字都被认定为 true，0 被认定为 false。bool 类型也可通过数字赋值，在输出时 true 输出的结果为 1，false 输出的结果为 0。

例如：

```
bool r;
```

以上代码定义了一个布尔型变量 *r*。

3. 变量的命名规则

在之前的程序里定义变量，例如 int a;char c; 等，其中的变量名除了叫 *a*、*c* 之外，还可以叫 *d*、*e*、*f*、*g*……或者 *apple*、*book* 等。

例如：

```
int apple;
char book;
```

在以上代码中，*apple* 和 *book* 就是整型和字符型变量的名字。

程序中的常量名、变量名都称为"标识符"，只要在满足标识符命名规则的前提下，就可以给变量取任意的名字。那么标识符的命名规则是什么？

标识符的命名规则

（1）由字母（大小或小写）、数字或下划线（_）组成。

（2）只能以字母或下划线开头，也就是说，不能以数字开头。

（3）不能是C++的关键字。C++的关键字是类似int、float、double、char等已经被C++使用过的一些词。就好比某个班上的学生，如果有个同学已经叫"小明"了，为了避免重复，那么其他学生就不能再取名"小明"。

例如：定义一个int型的整型变量，可以命名为*abc*或者*abc2*、*_2abc*，但是不能命名为*2abc*或者*float*，因为不能以数字开头，也不能使用C++的关键字。

注意　变量一定要先定义后使用，并且在为变量取名的时候，应该尽量做到"见名知义"，看见变量的名字就大概知道这个变量的含义，以增强程序的可读性。

4. 变量的初始化和赋值

（1）变量的初始化

在定义变量的同时，可以给该变量指定一个初始值，这个过程就叫作变量的初始化。例如：

```cpp
int a = 0, b = 0;
double  c = 1.5;
char d = 'A';
bool r = true;
```

注意　字符型char在初始化的时候要用单引号。

（2）变量的赋值

C++中"="称为"赋值号"，变量可以通过赋值语句来改变变量的值。赋值语句的一般形式如下：

变量名 = 表达式

该过程也被称为赋值运算。

例如：

```cpp
int a;
a = 10;
```

以上两条语句是先定义一个整型变量*a*，然后将常量10赋值给变量*a*。

程序实例

```cpp
#include <iostream>

using namespace std;
```

```cpp
int main()
{
    int a = 0, b = 0, c = 0;

    a = 10;
    b = a;
    c = 2 * a + b;

    cout << a << " " << b << " " << c;

    return 0;
}
```

程序运行结果如图2-6所示。

程序解释

该程序定义了3个整型变量，并将其初始化为0。然后将10赋值给变量a，再将变量a的值赋值给变量b，最后将表达式2 * a + b的运算结果赋值给变量c。

`10 10 30`

图 2-6

2.1.3　编程实例讲解

1．实例1

ZZ1123：小明卖水果1

题目描述

小明是一位热爱社会实践的同学。假期作业完成后，他摆了一个自己的水果摊，在他的水果摊里苹果每斤5元。

请编写程序实现以下功能：

输入苹果的重量（仅限整数），输出小明应该收客户多少钱。

输入

苹果重量(仅限整数)。

输出

小明应该收客户多少钱。

样例输入

2

样例输出

10

编程思路

这个程序可以定义两个整型变量a和n，其中a用来存储输入的数据，即苹果的重量a。用苹果的重量a乘以苹果的单价5元，就是应收的费用，把应收的费用赋值给变量n，最后用cout语句将n输出。

程序实例

```cpp
#include <iostream>

using namespace std;

int main()
{
    int a = 0, n = 0;

    cin >> a;
    n = a * 5;
    cout << n;

    return 0;
}
```

输入2表示苹果的重量，然后按回车键，就会返回应收的钱10。程序运行结果如图2-7所示。

图 2-7

2. 实例2

ZZ1066：求3个整数的和

题目描述

输入a、b、c这3个整数，求它们的和。

输入

$a\ b\ c$（a、b、c为3个整数）。

输出

$a+b+c$的和。

样例输入

2 3 5

样例输出

10

编程思路

定义4个整型变量，分别是 a、b、c、s，其中 a、b、c 用来存储输入的3个整数。s 用来存储 $a+b+c$ 的和，最后输出 s。

程序代码

```cpp
#include <iostream>

using namespace std;

int main()
{
    int a, b, c, s;

    cin >> a >> b >> c;
    s = a + b + c;
    cout << s;

    return 0;
}
```

程序运行结果如图2-8所示。

图 2-8

2.1.4　阶段性编程练习

1. 题目1

ZZ1127：捡石头

题目描述

昨天，憨厚的老农夫捡到了3块石头，他想再去捡一块小石头，让这4块石头正好一共20斤，请问他应该去捡一块多少斤的石头？

输入

3个整数 a、b、c，是这3块石头的重量（斤）。

输出

一个数，表示农夫应该去捡一个多少斤的石头。

样例输入

3 5 7

5

2. 题目2

ZZ1165：求门票的总价

题目描述

某景区的门票价格为120元。门票售价规定为：成人全价、小孩半价、老人享受6折优惠。某旅行团有x名成人，y名小孩，z名老人，求该旅行团需要付给景区的门票总额为多少元。

输入

$x\ y\ z$（x表示成人的人数，y表示小孩的人数，z表示老人的人数）。

输出

旅行团需要付给景区的门票总额为多少元。

样例输入

5 4 10

样例输出

1560

> **注** 完成练习后，读者需要根据公众号提示进行作业提交，并检测所写的程序是否正确。

2.2 输入

2.2.1 输入程序范例

编写并运行以下程序。

```cpp
#include <iostream>
#include <cstdio>

using namespace std;

int main()
{
    int a, b;

    cin >> a;
```

```
scanf("%d", &b);

cout << a << endl;
printf("%d", b);

return 0;
}
```

程序运行结果如图 2-9 所示。

程序解释

程序定义了两个整型变量 a、b，分别用到了 C++ 语言中的流和 C
语言中的格式化输入 / 输出方式进行输入和输出。

图 2-9

2.2.2　输入的用法

1. C++ 的输入 / 输出流

C++ 语言把数据之间的传输操作称为流。cin 代表标准输入设备键盘，也
称为 cin 流或标准输入流。cout 代表标准输出显示器，也称为 cout 流或标准输
出流。当进行键盘输入操作时，使用 cin 流；当进行显示器输出操作时，使用
cout 流。在使用以上输入 / 输出流时，需要包含 iostream 头文件。

C++ 的流通过重载运算符 "<<" 和 ">>" 执行输入和输出操作。在流操
作中，将左移运算符 "<<" 称为插入运算符，即向流中插入一个字符序列，
进行输出操作。将右移运算符 ">>" 称为提取运算符，即从流中提取一个字
符序列，进行输入操作。

（1）cout 语句的一般格式

cout << 表达式1 << 表达式2 <<……<<表达式n;

cout 代表显示器，执行 cout << a 的操作就相当于把 a 的值输出到显
示器。

（2）cin 语句的一般格式

cin >> 变量1 >> 变量2 >>……>> 变量n;

cin 代表键盘，执行 cin >> a 就相当于把键盘输入的数据赋值给变量。

当从键盘上输入数据时，只有当输入完数据并按下回车键（Enter）后，
系统才把该行数据存入到键盘缓冲区，供 cin 流顺序读取给变量。另外，从键
盘上输入的每个数据之间需要用空格或回车符分开，因为 cin 在为一个变量读
入数据时是以空格或回车符作为结束标志的。

2. C语言格式化输入输出

C++语言也兼容C语言中的基本语法。scanf和printf是C语言中的输入/输出函数，简称为I/O函数。scanf和printf函数的特点是要按照指定的格式输入/输出值，所以又称为格式输入/输出函数，它们是标准库函数，使用前要加上cstdio头文件。

在时效性上，scanf和printf的运行效率要优于cin和cout，特别是大量数据的输入/输出，使用scanf和printf效率会更高、速度会更快。

scanf函数的格式为：

scanf（格式控制符，地址列表）；

printf函数的格式为：

printf（格式控制符，输出列表）；

常用格式化指定输出类型如表2-3所示。

表2-3

类型	格式控制符
int	%d
long long	%lld
float	%f
double	%lf
char	%c

3. 程序实例

（1）程序实例1

编写并运行以下程序。

```cpp
#include <iostream>
#include <cstdio>

using namespace std;

int main()
{
    float a = 2.222;

    cout << a << endl;
    printf("%f\n", a);
    printf("%.2f", a);
```

```
    return 0;
}
```

程序运行结果如图 2-10 所示。

程序解释

图 2-10

① 程序定义了一个单精度浮点型（float）的变量 a，并初始化 $a = 2.222$。

② 通过 cout 语句输出变量 a，对应程序运行结果的第一行 2.222。

③ 通过 printf 语句输出变量 a，对应程序运行结果的第二行 2.222000，对于语句 printf("%f\n", a)，%f 表示输出类型为 float，\n 可以理解为换行命令。

④ 通过 printf("%.2f", a) 指定保留 2 位小数，然后输出并换行，数字就是控制保留小数的位数，如果想保留 3 位小数输出则为 printf("%.3f", a)。

⑤ 程序中使用 printf 语句，需要使用 #include<cstdio> 包含头文件。如果没有 cstdio 头文件，程序在我们自己计算机上的 Dev C++ 环境下可能不会报错，但是在信息奥赛、等级考试等比赛环境或者其他环境下，如果没有这个头文件，程序很可能就会报错，所以我们平时在练习的时候一定要严格按照程序要求包含头文件。

⑥ C++ 中定义了一些字符前加 "\" 的特殊字符，称为转义字符，例如 "\n" 的含义就是换行。

> **注意**　通过格式化输出 printf 保留特定的小数位数，例如保留 2 位或者 3 位小数输出，这在以后的作业和考试中会经常用到，一定要掌握。

（2）程序实例 2

编写并运行以下程序。

```cpp
#include <iostream>
#include <cstdio>

using namespace std;

int main()
{
    int a;

    scanf("%d", &a);
    printf("%d\n", a);

    return 0;
}
```

程序运行结果如图2-11所示。

图 2-11

程序解释

① 该程序定义了一个int整型变量*a*。

② 通过scanf语句输入变量*a*的值。

③ 通过printf语句输出变量*a*的值。

注意 在语句 scanf("%d", &a) 的变量*a*前有一个取址符&，初学者很容易漏掉这个符号。

总结 ① 目前我们学到了两种输入语句：cin和scanf，其中cin是C++的语法，scanf是C语言的格式化输入。

② 两个输出语句：cout和printf，其中cout是C++的语法，printf是C语言的格式化输出。

③ printf语句可以格式化输出并保留指定的小数位数，例如printf("%.2f", a)表示输出变量*a*并保留2位小数。

④ 用C++的输入/输出流（cin和cout）需要包含头文件：

#include<iostream>

用C语言的格式化输入/输出（scanf和printf）需要包含头文件：

#include<cstdio>

⑤ printf语句可以格式化指定输出类型，例如printf("%d", a)，%d表示按int整型输出。

（3）程序实例3

编写并运行以下程序。

```cpp
#include <iostream>
#include <cstdio>

using namespace std;

int main()
{
    int a;
    long long b;
    float c;
    double d;
    char e;
```

```
scanf("%d %lld %f %lf %c", &a, &b, &c, &d, &e);
printf("%d %lld %.2f %.2lf %c", a, b, c, d,e);

return 0;
}
```

程序运行结果如图 2-12 所示。

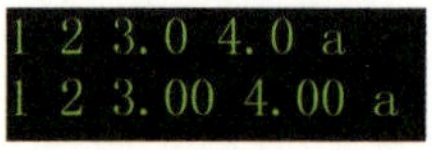

图 2-12

程序解释

程序分别定义了一个 **int**、**long long**、**float**、**double**、**char** 类型的变量，并通过格式化输入和输出的方式进行输入和输出。

程序实例 4

```
#include <iostream>
#include <cstdio>

using namespace std;

int main()
{
    int a;
    long long b;
    float c;
    double d;
    char e;

    scanf("%d,%lld,%f,%lf,%c", &a, &b, &c, &d, &e);
    printf("%d,%lld,%.2f,%.2lf,%c", a, b, c, d, e);

    return 0;
}
```

程序运行结果如图 2-13 所示。

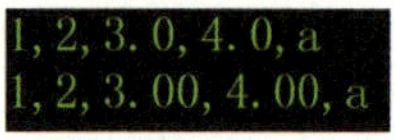

图 2-13

程序解释

程序实例 3 是用空格分隔数据，程序实例 4 是用逗号分隔数据。

4. 格式对齐

编程实例

ZZ1511：对齐输出

题目描述

读入 3 个整数，按每个整数占 8 个字符的宽度，以右对齐的形式输出它们。

输入

只有一行，包含3个整数，整数之间以一个空格分开。

输出

只有一行，按照格式要求依次输出3个整数，数值之间以一个空格分开。

样例输入

```
123456789 0 -1
```

样例输出

```
123456789        0        -1
```

程序代码及注释：

```cpp
#include <iostream>
#include <cstdio>

using namespace std;

int main()
{
    int a, b, c;

    scanf("%d %d %d", &a, &b, &c);
    printf("%8d %8d %8d", a, b, c);

    return 0;
}
```

程序运行结果如图2-14所示。

程序解释

图2-14

① 在程序语句printf("%8d %8d %8d", a, b, c)中，%8d表示按照8个字符宽度，右对齐输出。当数位不足时，左侧补空格，数位较多时，按实际宽度输出。

② 数字是用来控制字符宽度的，如果想按照其他字符宽度输出，只须修改程序语句中的数字8，例如%9d就表示按照9个字符宽度进行输出。

③ 如果是左对齐，则需要在前面加一个负号。

程序实例

```cpp
#include <iostream>
#include <cstdio>

using namespace std;
```

```
int main()
{
    int a, b, c;

    scanf("%d %d %d", &a, &b, &c);
    printf("%-9d %-9d %-9d", a, b, c);

    return 0;
}
```

程序运行结果如图2-15所示。

程序解释

程序中的 **%-9d** 表示左对齐，输出的数据占9个字符宽度。

图 2-15

5. 给程序添加注释

在图2-16的程序中，红框部分表示程序的注释，用双斜线//标记。我们可以理解为该行中只要在双斜线//后面的语句计算机就"看不见"了，可以写任意描述性内容（例如程序注释），程序编译也不会报错。相当于双斜线后面的语句对计算机"隐身了"，只有人类才能看见。

双斜线//只能注释一行，如果想一次注释很多行可以用/* */这种方式来注释。

例如：

在图2-17的程序中，/* */之间的内容就会对计算机"隐身"。

```
#include <iostream>

using namespace std;

int main()
{
    char a;
    cout <<"输入任意一个字符： ";   //输入后按回车键
    cin >> a;
    cout <<"你刚才输入的字符是： ";
    cout << a;

    return 0;
}
```

图 2-16

```
#include <iostream>

using namespace std;

int main()
{
    /*
    char a;
    cin >> a;
    cout <<
    */
    char a;
    cout <<"输入任意一个字符： ";
    cin >> a;
    cout <<"你刚才输入的字符是： ";
    cout << a;

    return 0;
}
```

图 2-17

总结　为单行程序添加注释用//，为多行程序添加注释用/* */。

2.2.3 编程实例讲解

ZZ1141：小明买图书

题目描述

已知小明有 n 元，他买了一本书，这本书原价为 m 元，现在按8折出售。求小明还剩多少钱可以买零食。

输入

n m（n 表示小明拥有的钱，m 表示图书的原价，n、m 都为整数，且 $0 < n$，$m < 10\,000$，$n >= m$）。

输出

小明还剩多少钱可以买零食（保留两位小数）。

样例输入

---

100 100

样例输出

20.00

编程思路

这个题主要考察格式化输出的方式，保留两位小数输出要用到printf语句。小数要用浮点型变量float或者double。

程序及注释

```cpp
#include <iostream>
#include <cstdio>

using namespace std;

int main()
{
    double n = 0, m = 0, c = 0, d = 0;

    cin >> n >> m;
    c = m * 0.8; //书的费用打8折就是乘以0.8的意思
    d = n - c; //总的费用减去买书的费用就是剩下的费用
    printf("%.2lf", d);//保留两位小数输出，注意double是lf

    return 0;
}
```

程序运行结果如图2-18所示。

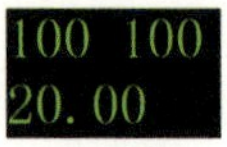

图 2-18

2.2.4　阶段性编程练习

ZZ1124：小明卖水果 2

题目描述

虽然"小明卖水果1"的程序完成了小明的日常需要。但是当输入的重量为小数时，就无法得到正确的结果。

因此需要对该程序进行修改，要求如下：

苹果 5 元一斤，输入苹果的重量（重量可以为小数），输出应该收客户多少钱（保留两位小数）。

输入

苹果的重量（重量可以为小数）。

输出

应该收客户多少钱（保留两位小数）。

样例输入

2.5

样例输出

12.50

注　完成练习后，读者需要根据公众号提示进行作业提交，检测所写的程序是否正确。

2.3　变量的运算

2.3.1　运算程序范例

编写并运行以下程序。

```cpp
#include <iostream>

using namespace std;

int main()
{
```

```
int a, b, c;

cin >> a >> b;
c = 2 * a * b;
cout << c;

return 0;
}
```

程序运行结果如图2-19所示。

图 2-19

程序解释

这个程序对输入的变量 a、b 进行了一个 2*a*b 的乘法运算，并将运算的结果赋值给变量 c。程序中的 +、-、*、/、% 就称为算术运算符。

2.3.2 变量运算的用法

1. 复合运算符

复合算术赋值，例如 a+=1 相当于 a=a+1；a+=b 相当于 a=a+b。

常用复合运算符如表2-4所示。

表2-4

复合运算	符号	例子
复合加法	+=	a += b 相当于 a = a + b
复合减法	-=	a -= b 相当于 a = a - b
复合乘法	*=	a *= b 相当于 a = a * b
复合除法	/=	a /= b 相当于 a = a / b
复合求余	%=	a %= b 相当于 a = a % b

程序实例

编写并运行以下程序。

```
#include <iostream>

using namespace std;

int main()
{
    int a = 1, b = 2;

    a += b;
```

```
    cout << a;

    return 0;
}
```

程序运行结果如图 2-20 所示。

图 2-20

程序解释

① 程序定义了两个 int 整型变量 *a*、*b*，并分别初始化为 1 和 2。

② 做了一个 "**+=**" 的复合运算，*a+=b* 相当于 *a=a+b*，即把 1+2 的结果赋值给变量 *a*。

③ 输出变量 *a* 的值 3。

小提示　**表达式的含义**　表达式由数字、运算符、括号、变量等组成，是一种能求得数值的有意义的组合。例如 *a+b* 或者 *a+=b* 就叫作表达式。

2. 自加和自减运算

自加运算符："++"，例如 *a++* 相当于 *a* 自己加了一个 1：$a = a + 1$。

自减运算符："−−"，例如 *a−−* 相当于 *a* 自己减了一个 1：$a = a - 1$。

（1）程序实例

编写并运行以下程序。

```
#include <iostream>

using namespace std;

int main()
{
    int a = 10;

    a++;
    cout << a;

    return 0;
}
```

程序运行结果如图 2-21 所示。

图 2-21

程序解释

① 定义一个 int 整型变量 *a*，初始化 *a*=10。

② 运用自加运算符 ++ 进行自加运算，a++，相当于做了一个 $a = a + 1$ 的自加运算，对应到程序中就是 10 + 1。

③ 把自加后的 *a* 值输出。

（2）a++和++a的区别

把自加运算符或自减运算符放在变量的前面和后面是有区别的。

例如：

```
b = ++a;
```

在以上程序语句中，把自加运算符放在变量的前面，程序是先把a的值增加1，再把a的值赋给b。

```
b = a++;
```

在以上程序语句中，把自加运算符放在变量的后面，程序的执行是先把a的值赋给b，然后a再增加1。

（3）对比程序实例

编写并运行以下两个程序。

实例1

```cpp
#include <iostream>

using namespace std;

int main()
{
    int a = 10, b = 0;

    b = a++;
    cout << b;

    return 0;
}
```

实例2

```cpp
#include <iostream>

using namespace std;

int main()
{
    int a = 10, b = 0;

    b = ++a;
    cout << b;

    return 0;
}
```

程序运行结果如下。

第一个程序运行结果：10。

第二个程序运行结果：11。

程序解释

① 这两个程序都定义了两个int整型变量a、b，分别初始化为10和0。

② 第一个程序用b = a++运算赋值，第二个程序用b = ++a运算赋值。

- b = a++表示先把a的值（10）赋给b，然后再自加1。
- b = ++a表示a先自加1（变为11），然后再把a的值（11）赋给b。

③ 第一个程序运行后b的值为10，第二个程序运行后b的值为11。

3. ASCII 编码

计算机使用数字编码来处理字符，即用特定的整数表示特定的字符。例如char类型用于存储字符，但从技术层面看，char是整数类型。因为char类型实际上存储的是整数而不是字符。

最常用的编码是ASCII编码，在ASCII码中，整数65代表大写字母A，存储字母A实际上存储的是整数65。

ASCII码表——常用字符及对应十进制关系表（见表2-5）。

表2-5

字符	十进制	字符	十进制	字符	十进制	字符	十进制	字符	十进制	字符	十进制
	32	0	48	@	64	P	80	`	96	p	112
!	33	1	49	A	65	Q	81	a	97	q	113
"	34	2	50	B	66	R	82	b	98	r	114
#	35	3	51	C	67	S	83	c	99	s	115
$	36	4	52	D	68	T	84	d	100	t	116
%	37	5	53	E	69	U	85	e	101	u	117
&	38	6	54	F	70	V	86	f	102	v	118
'	39	7	55	G	71	W	87	g	103	w	119
(	40	8	56	H	72	X	88	h	104	x	120
)	41	9	57	I	73	Y	89	i	105	y	121
*	42	:	58	J	74	Z	90	j	106	z	122
+	43	;	59	K	75	[	91	k	107	{	123
,	44	<	60	L	76	\	92	l	108	|	124
-	45	=	61	M	77	]	93	m	109	}	125
.	46	>	62	N	78	^	94	n	110	~	126
/	47	?	63	O	79		95	o	111		127

程序实例

（1）程序实例1

编写并运行以下程序。

```cpp
#include <iostream>
#include <cstdio>

using namespace std;

int main()
{
    int a = 65, b = 97;

    printf("%d %d\n", a, b);
    printf("%c %c", a, b);

    return 0;
}
```

程序运行结果如图2-22所示。

图 2-22

程序解释

① 程序定义了两个int整型变量a、b，并分别初始化为65和97。

② 通过printf格式化输出整型（**%d**）。

③ 通过printf格式化输出字符型（**%c**）。

总结扩展

① 计算机里数字和字符有一一对应的关系，它们可以相互转换，例如在程序中定义了一个整型变量a=65，可以输出整型数字65，也可以输出对应的字符A。通过ASCII码表可以看出字母"A"对应的就是65，字母"a"对应的就是97。

② 如前面的表2-5所示，ASCII码表中不同的字符对应了不同的数字，通过表2-5我们可以看到字符与十进制数之间一一对应的关系，程序里字符与数字之间也可以通过这个对应关系做相互转换。

（2）程序实例2

编写并运行以下程序。

```cpp
#include <iostream>
#include <cstdio>

using namespace std;

int main()
{
```

```
char a = 'A'; //注意char型的单字符是用单引号

printf("%d\n", a);
printf("%c", a);

return 0;
}
```

程序运行结果如图2-23所示。

程序解释

① 该程序定义了一个char字符型变量*a*，初始化为字符A。单
个字符的初始化和赋值要用单引号。

图 2-23

② 用printf分别指定%d和%c输出。

4. 变量间的转换

（1）自动转换

高类型变量可以保存低类型的值，并且在运算中能够自动转换为表达式
中变量的最高类型。

① 字符既可以使用char类型保存，又可以使用int类型保存。

② 整数既可以使用int类型保存，又可以使用long long类型保存，还可使
用float或double类型保存。

③ 浮点数既可以使用float类型保存，又可以使用double类型保存，为提
高运算精度，建议优先选用double。

在赋值运算中，右边表达式的值会自动转换为左边变量的类型，并赋给
左边的变量。

（2）强制类型转换

除了自动转换，还有强制类型转换。形式为：

（类型名）（表达式）
（类型名）变量

使用强制类型转换会将表达式或者变量的值强制转换为指定类型。例如：

```
(int)2.5      //把浮点型的2.5强制转换成整型，其结果会去掉小数部分
(double)x     //把变量x强制转换成double型
(int)(a+b)    //把a+b的值强制转换为int型
```

（3）程序实例

程序实例1

编写并运行以下程序。

```cpp
#include <iostream>
#include <cstdio>

using namespace std;

int main()
{
    int a = 'x';
    long long b = 'y';

    printf("%c\n", a);
    printf("%c", b);

    return 0;
}
```

程序运行结果如图2-24所示。

程序解释

程序分别定义了int和long long整型变量，但初始化的不是数字，而是字符x和y，最后通过格式化输出该字符。

图 2-24

程序实例2

编写并运行以下程序。

```cpp
#include <iostream>
#include <cstdio>

using namespace std;

int main()
{
    int b = 'A';

    b *= 2;
    printf("%d", b);

    return 0;
}
```

程序运行结果如图2-25所示。

程序解释

① 程序定义了一个int整型变量 b，但是并没有初始化一个整数，而是字符'A'，通过ASCII码表可以查到A对应的十进制ASCII码值是65。

图 2-25

② 然后做了一个 *b* ***=** 2 的运算，*b* = *b* * 2，即 65 × 2，结果为 130。

③ 最后格式化输出整型 *b* 的值 130。

程序实例 3

编写并运行以下程序。

```
#include <iostream>
#include <cstdio>

using namespace std;

int main()
{
    float a = 1;
    double b = 2;

    printf("%.2f\n", a);
    printf("%.2lf", b);

    return 0;
}
```

程序运行结果如图 2-26 所示。

程序解释

程序定义了 float 和 double 两个浮点型变量 *a*、*b*，但是存储的不是小数，而是整数，最后再按照保留两位小数的形式输出。

图 2-26

程序实例 4

编写并运行以下程序。

```
#include <iostream>
#include <cstdio>

using namespace std;

int main()
{
    int a = 1.23;

    printf("%d", a);

    return 0;
}
```

程序运行结果如图 2-27 所示。

程序解释

程序定义了一个int整型变量a，但初始化的不是整数而是小数1.23，这时候会进行自动类型转换，将1.23转换为int整型，所以只会输出整数部分，即结果1。

图 2-27

程序实例5

编写并运行以下程序。

```cpp
#include <iostream>
#include <cstdio>

using namespace std;

int main()
{
    float a = 1/2;
    float b = 1.0/2;

    printf("%f\n", a);
    printf("%f", b);

    return 0;
}
```

程序运行结果如图2-28所示。

图 2-28

程序解释

① 程序定义了两个float浮点型变量a、b，初始化a=1/2，b=1.0/2。

② 1/2，因为1和2都是整数，做整除运算，所以a的值等于0，并按照小数的形式输出。

③ 1.0/2，因为1.0是小数，而结果会保留小数部分，所以b的值等于0.5。

程序实例6

编写并运行以下程序。

```cpp
#include <iostream>
#include <cstdio>

using namespace std;

int main()
{
    float a = (int)2.5;

    printf("%f", a);
```

```
    return 0;
}
```

程序运行结果如图2-29所示。

程序解释

图 2-29

程序定义了一个float浮点型变量*a*，在赋值的时候，前面加一个**强制类型转换(int)2.5**，这种情况下会把2.5强制转换为整型，去掉小数部分，再把整数2赋值给变量*a*。

5. 变量的高级运算

在数学运算中除了+、−、*、/、%，还有乘方、开方等运算，同样在C++中也有这样的运算。在运行乘方（pow）、开方（sqrt）等这类高级运算时，一定要包含math头文件，即**#include <cmath>**。

下面我通过程序实例学习几个常用的高级运算。

（1）指数函数程序实例

编写并运行以下程序。

```
#include <iostream>
#include <cstdio>
#include <cmath> //增加cmath头文件

using namespace std;

int main()
{
    int a = 2, b = 3;
    double c = pow(a, b);

    printf("%.2lf", c);

    return 0;
}
```

程序运行结果如图2-30所示。

程序解释

图 2-30

① 定义两个int整型变量*a*、*b*并分别初始化为2和3。

② 运用pow函数进行乘方运算，*c* = pow(*a*, *b*)表示*a*的*b*次方，即2的3次方，值为8。

③ 保留2位小数输出*c*的结果为8.00。

（2）求平方根函数程序实例

编写并运行以下程序。

```cpp
#include <iostream>
#include <cstdio>
#include <cmath>

using namespace std;

int main()
{
    double c = sqrt(9);

    printf("%.2lf", c);

    return 0;
}
```

程序运行结果如图2-31所示。

程序解释

① 该程序进行数学开方运算，sqrt(9)表示对9进行开方，结果为3。

② 保留两位小数，输出 c 的值为3.00。

（3）绝对值函数程序实例

绝对值函数程序实例1

编写并运行以下程序。

3.00

图 2-31

```cpp
#include <iostream>
#include <cstdio>
#include <cmath>

using namespace std;

int main()
{
    int a = abs(-1);
    int b = abs(1);

    cout << a << endl;
    cout << b << endl;

    return 0;
}
```

程序运行结果如图2-32所示。

图 2-32

程序解释

abs()函数返回整型数据的绝对值。

绝对值函数程序实例2

编写并运行以下程序。

```cpp
#include <iostream>
#include <cstdio>
#include <cmath>

using namespace std;

int main()
{
    double a = fabs(-2.5);
    double b = fabs(2.5);

    printf("%.2lf\n", a);
    printf("%.2lf\n", b);

    return 0;
}
```

程序运行结果如图2-33所示。

程序解释

fabs()函数返回浮点型数据的绝对值。

（4）向上/向下取整程序实例

编写并运行以下程序。

图 2-33

```cpp
#include <iostream>
#include <cstdio>
#include <cmath>

using namespace std;

int main()
{
    double a = ceil(2.5);   //向上取整
    double b = floor(2.5);  //向下取整

    cout << a << endl;
    cout << b << endl;

    return 0;
}
```

程序运行结果如图2-34所示。

程序解释

① ceil(x) 是向上取整函数，返回不小于实数 x 的最小整数。

② floor(x) 是向下取整函数，返回不大于实数 x 的最大整数。

图 2-34

2.3.3 编程实例讲解

1. 实例 1

ZZ1079：求两位整数各个位上的数字和

题目描述

输入一个正整数 a（正整数 a 的位数为两位 $10 \leqslant a \leqslant 99$），求 a 各个位上的数字之和。例如：a 的值为 35，它个位上的数字是 5，十位上的数字是 3。

因为：$5 + 3 = 8$，所以输出结果为：8。

输入

a

输出

a 每位上的数字之和。

样例输入

24

样例输出

6

编程思路

（1）要求出一个两位数每位上的数字和，就需要分别把个位数和十位数求出来。

（2）计算个位数的方法：一个数对 10 求余，余数就是这个数的个位值，例如 24 除以 10 的余数是 4。

（3）计算十位数的方法：一个两位数对 10 进行整除，其结果就是这个数的十位值，例如 24 整除 10 的结果就等于 2。

程序及注释

```
#include <iostream>
#include <cstdio>

using namespace std;

int main()
```

```
{
    int a, m, n, s;

    cin >> a;        //输入一个两位数
    m = a / 10;      //算出该两位数的十位值
    n = a % 10;      //算出该两位数的个位值
    s = m + n;
    cout << s;

    return 0;
}
```

程序运行结果如图 2-35 所示。

图 2-35

2. 实例 2

<h3 style="text-align:center">ZZ1070：大写字母转小写字母</h3>

题目描述

请将输入的大写字母转换为小写字母。

输入

大写字母。

输出

大写字母对应的小写字母。

样例输入

B

样例输出

b

编程思路

通过大小写字母的 ASCII 码之间的差值变换输入的字符。

程序代码

```
#include <iostream>
#include <cstdio>

using namespace std;

int main()
{
    char a, b;
```

```
cin >> a;
b = a + 32;
cout << b;

    return 0;
}
```

程序运行结果如图2-36所示。

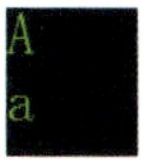

程序解释

① 定义两个字符变量a、b。

图 2-36

② 输入一个字符，并存储到变量a。

③ 变量b等于a加上32。通过ASCII码表可以看出小写字母与大写字母之间相差32，例如a是97，A是65；b是98，B是66，它们对应的大小写字母之间都相差32。

④ 输出变量b，变量b就是a对应的小写字母，例如输入的是A，那么输出的就是a。

2.3.4 阶段性编程练习

1. 题目1

ZZ1080：求3个整数的平均值

题目描述

输入3个整数a、b、c，求a、b、c的平均值，结果保留两位小数。

输入

a b c。

输出

a、b、c的平均值，保留两位小数。

样例输入

2 3 5

样例输出

3.33

2. 题目2

ZZ1044：求字符ASCII码的和

题目描述

求输入的任意两个字符的ASCII码之和。

55

输入

a b（*a* 和 *b* 是两个指定的字符）。

输出

一个整数（整数为两个字符对应的 ASCII 码的和）。

样例输入

y z

样例输出

243

注 完成练习后，读者需要根据公众号提示进行作业提交，检测所写的程序是否正确。

2.4 第 2 章编程作业

1. 作业 1

ZZ1083：求 *a* × *b*

题目描述

输入两个整数 *a*、*b*，求 *a* × *b* 的值。

输入

a b (1<=*a* 和 *b*<=10^9)。

输出

a × *b* 的值。

样例输入

1 2

样例输出

2

2. 作业 2

ZZ1411：交换十位与个位上的数字

题目描述

编写程序，输入一个两位数，交换十位与个位上的数字，并输出。

输入

一个两位数。

输出

一行，交换后十位与个位的数字，用空格隔开。

样例输入

12

样例输出

2 1

3. 作业3

ZZ1084：计算成绩

题目描述

小明最近学习了C++入门课程，这门课程的总成绩计算方法是：

总成绩=作业成绩×20%+小测成绩×30%+期末考试成绩×50%

小明想知道，这门课程自己最终能得到多少分。

输入

输入文件只有一行，包含3个非负整数A、B、C，分别表示小明的作业成绩、小测试成绩和期末考试成绩。相邻两个数之间用一个空格隔开，3项成绩满分都是100分。

A、B、C都是10的倍数。

输出

输出文件只有1行，包含一个整数，即小明这门课程的总成绩，满分也是100分。

样例输入

100 100 80

样例输出

90

4. 作业4

ZZ1043：求等差数列第n项

题目描述

已知等差数列的第1项a1和第2项a2，求等差数列的第n项。a1、a2、n

都是整数。

输入

$a1$ $a2$ n（$a1$、$a2$、n 均大于等于 1，小于等于 100 000 000）。

输出

等差数列第 n 项的值。

样例输入

1 2 4

样例输出

4

5. 作业 5

<h3 style="color:orange; text-align:center">ZZ1163：求圆柱的体积</h3>

题目描述

已知圆柱底面的圆的直径为 d，高为 h。求该圆柱的体积（保留两位小数）。圆周率的取值为 3.14。

输入

d h（d 表示圆柱底面圆的直径，h 表示圆柱的高。d、h 为实数）。

输出

圆柱的体积（保留两位小数）。

样例输入

4 8

样例输出

100.48

注 完成作业后，读者需要根据公众号提示进行作业提交，检测所写的程序是否正确。

第 3 章
分支和逻辑运算

在日常生活中，经常会有这样的描述。

1. 如果明天下雨，那么我就带伞。
2. 如果我的作业做完了，那么就可以去打篮球。
3. 如果期末考试语文成绩是良好并且数学也是良好，那么暑假里妈妈就带我出去玩。

在编程中，我们怎么表示这样的语句？这就需要用到接下来学习的分支结构程序设计。

3.1 if 语句

3.1.1 if 语句程序范例

编写并运行以下程序。

```
#include <iostream>
#include <cstdio>
```

```
using namespace std;

int main()
{
    int a;

    cout << "请输入你的数学期末考试成绩：";
    cin >> a;
    if (a > 90)
    {
        cout << "你的期末数学评分是：A";
    }

    return 0;
}
```

程序运行结果如图3-1所示。

请输入你的数学期末考试成绩：95
你的期末数学评分是：A

图 3-1

程序解释

① 该程序定义了一个int整型变量 *a* 用来存储数学成绩。

② 用if语句判断，如果数学成绩大于90分，那么就输出期末评分是A。

3.1.2　if 语句的用法

1. if分支语句模型

```
if （表达式）
{
   表达式条件成立时执行的语句
}
```

运行规则

首先判断小括号里的表达式条件是否成立：

- 如果成立，则执行大括号里的语句；
- 如果不成立，则不执行大括号里的语句。

2. 关系运算符

在数学中有大于、小于、等于、大于等于、小于等于、不等于6种关系运算符。

C++中同样也有6种关系运算符，只是符号有些差异，如表3-1所示。

表3-1

比较运算	运算符
大于	>
小于	<
等于	==
大于等于	>=
小于等于	<=
不等于	!=

小提示 数学中等号的表示方式是"="。
程序中等号的表示方式是"==",而"="则是赋值运算符。

关系运算符优先级

- 先进行算术运算。
- 再进行比较运算。
- 最后进行赋值运算。

3.1.3 编程实例讲解

1. 实例1

ZZ1065:将3个整数排序

题目描述

请将输入的3个整数按由小到大的顺序排列。

输入

3个整数 a、b、c。

输出

将3个整数按由小到大的顺序排列。

样例输入

2 3 1

样例输出

1 2 3

编程思路

（1）一共有3个数，通过if语句两两进行比较，最多比较3次就可以得到最后的顺序。

（2）比较过程中如果后一个数比前一个数小，就需要交换它们的位置。但是怎么交换？

（3）介绍程序中两个变量交换位值的方式。

假如现在有一个杯子A装的是牛奶，一个杯子B装的是可乐。现在需要交换两个杯子里的东西，让杯子A装可乐，杯子B装牛奶，应该怎么办？是不是很容易想到再拿第三个杯子C，通过临时存储的方式来实现我们的目标。

其实在计算机里也一样，不同的变量就是不同的"杯子"，"杯子"里存储了不同的内容。程序中的两个变量，可以理解成两个杯子A和B，现在想交换两个变量里的值，可以用第三个变量C来临时存储以实现交换。

程序代码及注释

```cpp
#include <iostream>

using namespace std;

int main()
{
    int a, b, c, t;        //变量t的作用就是临时存储

    cin >> a >> b >> c;    //输入3个整数
    if (a > b) //第一个数和第二个数比较，如果后一个比前一个小就通过变量t使a和b相互交换位置
    {
        t = a;
        a = b;
        b = t;
    }
    if (a > c) //同理第一个数和第三个数比较
    {
        t = a;
        a = c;
        c = t;
    }
    if (b > c) //同理第二个数和第三个数比较
    {
        t = b;
        b = c;
        c = t;
    }
    cout << a << " " << b << " " << c; //输出排序好的3个数
```

```
    return 0;
}
```

程序运行结果如图 3-2 所示。

图 3-2

2. 实例2

ZZ1089：求不及格的课程数

题目描述

给出一名学生的语文、数学和英语成绩，求他有几门课不及格（即成绩小于60分）。

输入

一行，包含3个0～100的整数，分别是该生的语文、数学和英语成绩。

输出

求他有几门课不及格。

样例输入

```
70 56 35
```

样例输出

```
2
```

编程思路

这个题的关键是需要设置一个变量作为计数器，计数器和计步器类似，每走一步就记一步，最后统计出来的就是总共的步数。每次比较后如果有不及格的情况，就让计数器加1，以此得到不及格课程的数量。

程序代码及注释

```cpp
#include <iostream>

using namespace std;

int main()
{
    int a, b, c, count = 0; //变量count作为"计数器"并"归零"

    cin >> a >> b >> c; //输入3个数表示3门学科的成绩
    if (a < 60) //如果语文成绩小于60分,则"计数器"加1
```

```
    {
        count++;
    }
    if (b < 60) //如果数学成绩小于60分，则"计数器"加1
    {
        count++;
    }
    if (c < 60) //如果英语成绩小于60分，则"计数器"加1
    {
        count++;
    }
    cout << count; //输出总的不及格的门数

    return 0;
}
```

程序运行结果如图3-3所示。

图 3-3

注意　程序中的"计数器"变量一定要先初始化为0，即先"归零"。

3.1.4　阶段性编程练习

1. 题目1

ZZ1055：求3个数中的最大数

题目描述

输入3个整数，求3个数的最大数。

输入

$a\ b\ c$。

输出

3个数中的最大数。

样例输入

5 10 2

样例输出

10

2. 题目2

ZZ1086：输出绝对值

题目描述

输入一个浮点数，输出这个浮点数的绝对值。

输入

输入一个浮点数，其绝对值不超过10 000。

输出

输出这个浮点数的绝对值，保留到小数点后两位。

样例输入

```
-3.12
```

样例输出

```
3.12
```

注 完成练习后，读者需要根据公众号提示进行作业提交，检测所写的程序是否正确。

3.2 if...else 语句

3.2.1 if...else 程序范例

编写并运行以下程序。

```cpp
#include <iostream>
#include <cstdio>

using namespace std;

int main()
{
    int a;

    cout << "请输入你的数学期末考试成绩: ";
    cin >> a;
    if (a >= 60)
    {
        cout << "及格";
    }
    else
    {
```

```
        cout << "不及格";
    }

    return 0;
}
```

程序运行结果如图3-4所示。

请输入你的数学期末考试成绩：60
及格

图 3-4

程序解释

① 程序定义了一个int整型变量 a，用来存储数学成绩。

② 用if语句判断如果分数大于等于60，输出"及格"，否则（else）输出"不及格"。

3.2.2　if...else 语句的用法

1．if...else语句框架

```
if （表达式）
{
    表达式条件成立时执行的语句
}
else
{
    表达式条件不成立时执行的语句
}
```

程序运行过程：如果if后面的表达式条件成立，则执行if对应的大括号里的语句。如果条件不成立，则执行else对应的大括号里的语句。

if...else语句可以理解为汉语里的"如果……那么……"。

程序实例

编写并运行以下程序。

```
#include <iostream>
#include <cstdio>

using namespace std;

int main()
{
    int x;

    cin >> x;
    if (0 == x % 2) //一个数对2求余，等于0就是偶数，否则就是奇数
    {
        cout << x << "是偶数";
```

```
    }
    else
    {
        cout << x << "是奇数";
    }

    return 0;
}
```

程序运行结果如图3-5所示。

程序解释

① 程序定义了一个int整型变量x，并从键盘输入该整数。

图 3-5

② 运用if...else语句，通过x对2求余是否等于0来判断，如果等于0就输出这个数是偶数，否则就输出这个数是奇数。

2. 三目运算符

编写并运行以下程序。

```
#include <iostream>
#include <cstdio>

using namespace std;

int main()
{
    int a = 10, b = 20;
    int c = a > b ? a : b;

    cout << c;

    return 0;
}
```

程序运行结果如图3-6所示。

20

图 3-6

程序解释

程序中的**int** c = a > b ? a : b，是三目运算符的写法。表示如果*a*>*b*成立，那么把*a*的值赋给*c*，否则就把*b*的值赋给*c*。因为程序中*a*=10，*b*=20，*a*>*b*不成立，所以把*b*的值20赋给*c*，最后输出*c*的值20。

三目运算符的用法

三目运算符是需要 3 个操作数的操作符，格式为：

<表达式1> ？<表达式2> ：<表达式3>

这种形式也称为条件表达式，即条件运算符。表达式 1 是一个逻辑值，可以为真或假。如果表达式 1 为真，那么运算结果就是表达式 2，如果表达式 1 为假，那么运算结果就是表达式 3。整个过程相当于一个 if...else 语句。

运用三目运算符可以写成 max = a > b ？a : b; 这样的表达式。

- 若 $a > b$ 成立，则将 a 赋给 max。
- 若 $a > b$ 不成立，则将 b 赋给 max。

3.2.3　编程实例讲解

1. 实例 1

ZZ1085：奇偶数判断

题目描述

给定一个整数，判断该数是奇数还是偶数。

输入

输入仅一行，一个大于零的正整数 n。

输出

输出仅一行，如果 n 是奇数，输出 odd；如果 n 是偶数，输出 even。

样例输入

5

样例输出

---

odd

编程思路

判断一个数是否为偶数只须用这个数对 2 求余来判断，如果余数等于 0，则是偶数，否则为奇数。

程序代码及注释

```cpp
#include <iostream>

using namespace std;

int main()
{
    int x;
```

```
cin >> x; //输入一个正整数
if (0 == x%2) //如果这个数对2求余等于0，则为偶数，建议把0写在等号左边
{
    cout << "even";
}
else //非偶数的情况下就是奇数
{
    cout << "odd";
}

return 0;
}
```

程序运行结果如图3-7所示。

图 3-7

2. 实例2

ZZ1185：判断水仙花数

题目描述

输入一个3位数 n，判断它是否为水仙花数。如果是，则输出 Yes；否则输出 No。水仙花数是指一个3位数，它的每个位上的数字的3次幂之和等于它本身。

输入

输入一个三位数 n（整数）。

输出

Yes 或 No。

样例输入

153

样例输出

Yes

编程思路

（1）一个数的3次幂表示将这个数乘3次，例如5的3次幂就等于 $5 \times 5 \times 5$。题目的要求是一个三位数，所以我们需要求出这个数的百位、十位、个位。

（2）怎么计算一个数的个位数？任何一个整数对10求余，其结果就是该数个位上的值，例如153%10，结果就是个位数值3。

（3）怎么计算一个3位数的百位数？这个3位数除以100，因为是整除，所以就会得到百位数的值。例如程序中153/100，结果就是百位数上的值1。

（4）怎么计算一个3位数的十位数？先将这个数整除10，再用整除后的结果对10求余，最后算出来的就是十位数上的值。例如用153整除10，其结果为15，15再对10求余，余数就是十位数值5。

（5）这个3位数的百位、十位、个位算出来后，再判断3次幂的和是否等于它本身。

程序代码及注释

```cpp
#include <iostream>

using namespace std;

int main()
{
    int n, a, b, c;

    cin >> n; //输入一个三位数的整数
    a = n / 100; //整除100算出百位数
    b = (n / 10) % 10; //先整除10，再对10求余算出十位数
    c = n % 10; //对10求余算出个位数
    if (n == (a*a*a + b*b*b + c*c*c)) //判断是否相等
    {
        cout << "Yes";
    }
    else
    {
        cout << "No";
    }

    return 0;
}
```

程序运行结果如图3-8所示。

图 3-8

3.2.4　阶段性编程练习

1. 题目1

ZZ1046：小面或牛肉面

题目描述

全国各地的早餐可谓是品类繁多：武汉的热干面、桂林的米粉、广东的肠粉、云南的过桥米线、西安的凉皮……重庆的小面和酸辣粉等在全国也是

享誉盛名。其中，当重庆小面配上各种辅料，就有了豌豆面、牛肉面、肥肠面……假设牛肉面的市场价格为16元。小明有 x 元，请编写程序判断小明是否能吃上一碗牛肉面呢？如果可以则输出 Yes，不可以则输出 No。

输入

x（ x 是整数，1<=x<=1000 ）。

输出

Yes 或 No

样例输入

10

样例输出

No

2. 题目 2

ZZ1088：判断一个数能否同时被 3 和 5 整除

题目描述

判断一个数 n 能否同时被 3 和 5 整除。

输入

输入一行，包含一个整数 n（ -1 000 000 < n < 1 000 000 ）。

输出

输出一行，如果能同时被 3 和 5 整除输出 Yes，否则输出 No。

样例输入

15

样例输出

Yes

注 完成练习后，读者需要根据公众号提示进行作业提交，检测所写的程序是否正确。

3.3 分支的嵌套

3.3.1 分支嵌套程序范例

编写并运行以下程序。

```cpp
#include <iostream>
#include <cstdio>

using namespace std;

int main()
{
    int a;

    cout << "输入你的数学期末考试成绩：";
    cin >> a;
    if (a >= 80)
    {
        cout << "优秀";
    }
    else
    {
        if (a >= 60)
        {
            cout << "合格";
        }
        else
        {
            cout << "不及格";
        }

    }

    return 0;
}
```

程序运行结果如图3-9所示。

程序解释

程序根据学生的成绩分成了3种情况：
大于等于80分的是"优秀"；60 ～ 80分之

请输入你的数学期末考试成绩：70
合格

图 3-9

间是"合格"；60分以下是"不及格"。当出现3种或更多种情况的时候，单
独的if...else语句就不能处理，这时候就可以采用分支嵌套。

3.3.2　分支嵌套的用法

分支嵌套模型

模型1

```cpp
#include <iostream>

using namespace std;
```

```cpp
int main()
{
    if ( 条件1 )
    {
        当条件1成立时执行的语句;
    }
    else
    {
        if ( 条件2 )
        {
            当条件1不成立，条件2成立时执行的语句;
        }
        else
        {
            当条件1和条件2都不成立时执行的语句;
        }
    }

    return 0;
}
```

模型 2

```cpp
#include <iostream>

using namespace std;

int main()
{
    if ( 条件1 )
    {
        当条件1成立时执行的语句;
    }
    else
    {
        if ( 条件2 )
        {
            当条件1不成立，条件2成立时执行的语句;
        }
    }

    return 0;
}
```

模型 3

```cpp
#include <iostream>

using namespace std;
```

```
int main()
{
    if ( 条件1 )
    {
        if ( 条件2 )
        {
            当条件1和2都成立时执行的语句;
        }
        else
        {
            当条件1成立, 而条件2不成立时执行的语句;
        }

    }
    else
    {
        if ( 条件3 )
        {
            当条件1不成立, 而条件3成立时执行的语句;
        }
        else
        {
            当条件1和3都不成立时执行的语句;
        }
    }

    return 0;
}
```

这种在if...else语句里再嵌套if或者if...else语句的方法，就叫分支嵌套。在if里或者else里都能嵌套，可以有多种嵌套方式，根据需要编写程序，但一定要注意逻辑关系的正确处理。

3.3.3　编程实例讲解

ZZ1217：判断含糖量

题目描述

有A、B两杯糖水，其中A的容量为$x1$，浓度为$c1$。B的容量为$x2$，浓度为$c2$。

请判断哪杯糖水的含糖量多。如果A多，则输出A；如果B多，则输出B；如果两杯相同则输出Equal。

输入

$x1$ $c1$ $x2$ $c2$（都为整数且使用空格隔开）。

输出

如果A含糖量多，则输出A；如果B含糖量多，则输出B；如果两杯相同，则输出Equal。

样例输入

3 2 6 1

样例输出

Equal

编程思路

含糖量等于容量乘以浓度。A、B两杯含糖量的比较会有3种结果，大于、小于、等于，因此单个的if...else语句就不能处理这种情况，我们用分支嵌套来处理。

程序代码及注释

```cpp
#include <iostream>

using namespace std;

int main()
{
    int x1 = 0, c1 = 0, x2 = 0, c2 = 0;

    cin >> x1 >> c1 >> x2 >> c2; //依次输入容量和浓度
    if ( x1 * c1 > x2 * c2 ) //A杯中的含糖量多于B杯的情况
    {
        cout << "A";
    }
    else //其他情况
    {
        if ( x1 * c1 < x2 * c2 ) //A杯中的含糖量少于B杯的情况
        {
            cout << "B";
        }
        else //其他情况，也就是等于的情况
        {
            cout << "Equal";
        }
    }

    return 0;
}
```

程序运行结果如图3-10所示。

图3-10

另一种方法：用3个并列的if语句来判断3种情况。

```cpp
#include <iostream>

using namespace std;

int main()
{
    int x1 = 0, c1 = 0, x2 = 0, c2 = 0;

    cin >> x1 >> c1 >> x2 >> c2;
    if ((x1 * c1) > (x2 * c2))
    {
        cout << "A";
    }
    if ((x1 * c1) < (x2 * c2))
    {
        cout << "B";
    }
    if ((x1 * c1) == (x2 * c2))
    {
        cout << "Equal";
    }

    return 0;
}
```

3.3.4　阶段性编程练习

（1）题目1

ZZ1087：判断数的正负

题目描述

给定一个整数 N，判断其正负。

输入

一个整数 N（$-10^9 <= N <= 10^9$）。

输出

如果 $N > 0$，输出 positive。

如果 $N = 0$，输出 zero。

如果 $N < 0$，输出 negative。

12

positive

（2）题目2

ZZ1093：分配任务

题目描述

在社会实践活动中有3项任务分别是：种树、采茶和送水。依据小组人数及男生、女生人数决定小组的任务，人数小于10人的小组负责送水（输出water），人数大于等于10人且男生多于女生的小组负责种树（输出tree），人数大于等于10人且男生不多于女生的小组负责采茶（输出tea）。输入小组男生人数、女生人数，输出小组接受的任务。

输入

在一行内有两个空格隔开的数，表示小组中男生和女生的人数（男生在前，女生在后）。

输出

输出对应的任务。

样例输入

5 3

样例输出

water

> **注** 完成练习后，读者需要根据公众号提示进行作业提交，检测所写的程序是否正确。

3.4 多重选择分支

3.4.1 多重选择分支程序范例

编写并运行以下程序。

```
#include <iostream>
#include <cstdio>
```

```cpp
using namespace std;

int main()
{
    int a;

    cout << "请输入你的数学期末考试成绩(0~100)";
    cin >> a;
    if (a >= 90)
    {
        cout << "你的期末数学评分是：A";
    }
    else if (a >= 80)
    {
        cout << "你的期末数学评分是：B ";
    }
    else if (a >= 60)
    {
        cout << "你的期末数学评分是：C ";
    }
    else
    {
        cout << "你的期末数学评分是：D ";
    }

    return 0;
}
```

程序运行结果如图3-11所示。

程序解释

请输入你的数学期末考试成绩(0~100)：80
你的期末数学评分是：B

图 3-11

① 程序定义了一个int整型变量 a，用来存储输入的数学成绩。

② 评分有多种情况，运用if多重选择分支，通过判断分数输出对应的评分。

3.4.2　多重选择分支的用法

多重选择分支结构

```cpp
if ( 判断条件1 )
{
    当条件1成立时执行的语句；
}
else if ( 判断条件2 )
{
    当条件1不成立，但条件2成立时执行的语句；
```

```
    }
    else if ( 判断条件3 )
    {
        当条件1和条件2都不成立，但条件3成立时执行的语句;
    }
    else if ( 判断条件4 )
    {
        当条件1、条件2和条件3不成立，但条件4成立时执行的语句;
    }
    else
    {
        当以上条件都不成立时执行的语句;
    }
    return 0;
}
```

在有多个判断条件的时候，使用if多重选择分支语句来处理会比较简单。

程序实例

编写并运行以下程序。

```
#include <iostream>
#include <cstdio>

using namespace std;

int main()
{
    char c;

    cout << "请输入你的等级: ";
    cin >> c;
    if ('A' == c)
    {
        cout << "你的成绩大于等于90分! ";
    }
    else if ('B' == c)
    {
        cout << "你的成绩在80～90分! ";
    }
    else if ('C' == c)
    {
        cout << "你的成绩在60～80分!";
    }
    else if ('D' == c)
    {
        cout << "你的成绩没有及格! ";
    }
    else
    {
```

```
    cout << "请输入正确的等级（A～D）";
  }

  return 0;
}
```

程序运行结果如图3-12所示。

请输入你的等级：A
你的成绩大于等于90分！

图 3-12

程序解释

程序定义了一个char字符型变量 c ，用来存储输入的等级，然后运用if多重选择分支，根据输入的等级输出对应的分数。

> **小技巧** 　程序中if ('A' == c)，把变量 c 放在等号"=="的右边，可以防止在写程序的过程中把等号"=="误写为"="。在if表达式中，当判断语句用到等号"=="时，应尽量采取这种方式。即把常量放在等号的左边，变量放在等号的右边。

3.4.3　编程实例讲解

1. 实例1

ZZ1212：写评语

题目描述

输入某学生的成绩，根据成绩输出相应评语。如果成绩大于等于90，则输出"Excellent"；如果成绩大于等于80分且小于90分，则输出"Good"；如果成绩大于等于60分且小于80分，则输出"Pass"；如果成绩小于60分，则输出"Fail"。

输入

输入一个整数，表示学生的成绩（成绩为百分制）。

输出

输出对应的评语。

样例输入

65

样例输出

Pass

编程思路

因为会出现4种情况，所以用多重选择分支来判断。

程序代码及注释

```cpp
#include <iostream>

using namespace std;

int main()
{
    int x;

    cin >> x; //输入学生的成绩
    if (x >= 90) //大于等于90分的情况
    {
        cout << "Excellent";
    }
    else if (x >= 80) //大于等于80分且小于90分的情况
    {
        cout << "Good";
    }
    else if (x >= 60) //大于等于60分且小于80分的情况
    {
        cout << "Pass";
    }
    else //小于60分的情况
    {
        cout << "Fail";
    }

    return 0;
}
```

程序运行结果如图3-13所示。

图 3-13

2. 实例2

ZZ1213：邮寄包裹

题目描述

某邮局对邮寄包裹有如下规定：若包裹的重量超过30千克，则不予邮寄，对可以邮寄的包裹每件收取手续费0.2元，再加上根据以下收费标准计算的结果。

重量（千克）收费标准（元/千克）

重量≤10　　　　0.80

10<重量≤20　　 0.75

20<重量≤30　　0.70

请编写一个程序，输入包裹重量，输出所需费用或"Fail"表示无法邮寄。

输入

输入一个正整数，表示邮寄包裹的重量。

输出

输出对应的费用（答案保留 2 位小数）或"Fail"表示无法邮寄。

样例输入

7

样例输出

5.80

编程思路

根据题意可以判断，一共有 4 种情况，所以用多重分支语句来处理。

程序代码及注释

```cpp
#include <iostream>
#include <cstdio>

using namespace std;

int main()
{
    int x;
    double m = 0;

    cin >> x; //输入邮寄包裹的重量
    if (x <= 10) //重量小于等于10千克的情况
    {
        m = 0.2 + (x * 0.8);
        printf("%.2lf",m);
    }
    else if (x <= 20) //重量大于10千克，小于等于20千克的情况
    {
        m = 0.2 + (x * 0.75);
        printf("%.2lf",m);
    }
    else if (x <= 30) //重量大于20千克，小于等于30千克的情况
    {
        m = 0.2 + (x * 0.70);
        printf("%.2lf",m);
    }
    else //其他情况，即大于30千克的情况
```

```
    {
        cout << "Fail";
    }

    return 0;
}
```

程序运行结果如图3-14所示。

图 3-14

3.4.4 阶段性编程练习

1. 题目1

ZZ1215：输出成绩的等级

题目描述

根据输入的百分制成绩（成绩为整数），输出成绩的等级。

A：成绩 ≥ 80

B：70 ≤ 成绩 < 80

C：60 ≤ 成绩 < 70

D：50 ≤ 成绩 < 60

E：成绩 < 50

输入

百分制成绩。

输出

成绩的等级。

样例输入

80

样例输出

A

2. 题目2

ZZ1091：计算邮费

题目描述

根据物品的重量和用户是否选择加急来计算邮费，计算规则如下。

若重量在1000克以内（包括1000克），只收8元基本费。

若重量超过1000克，则超过1000克的部分，每500克加收超重费4元，不足500克部分按500克计算。

如果用户选择加急，则多收5元加急费。

输入

在一行内输入整数和一个字符，并以一个空格分隔，整数表示重量（单位为克），字符表示是否加急。

如果字符是y，说明选择加急；如果字符是n，说明不加急。

输出

输出一行，包含一个整数，表示邮费。

样例输入

```
1200 y
```

样例输出

```
17
```

注　完成练习后，读者需要根据公众号提示进行作业提交，检测所写的程序是否正确。

3.5　switch 语句

3.5.1　switch 语句程序范例

运用switch...case语句，根据输入的等级情况输出对应的分数。

编写并运行以下程序。

```cpp
#include <iostream>
#include <cstdio>

using namespace std;

int main()
{
    char c;

    cout << "请输入你的等级：";
    cin >> c;
    switch (c)
    {
```

```
        case 'A':
            cout << "你的成绩大于等于90分！";
            break;
        case 'B':
            cout << "你的成绩在80～90分！";
            break;
        case 'C':
            cout << "你的成绩在60～80分！";
            break;
        case 'D':
            cout << "你的成绩没有及格！";
            break;
        default:
            cout << "请输入正确的等级（A～D）";
            break;
    }

    return 0;
}
```

程序运行结果如图3-15所示。

图 3-15

3.5.2 switch 语句的用法

switch语句可根据表达式的值，跳转到不同的语句。

switch语句的一般形式如下。

```
switch（表达式）
    {
        case 常量1:
            语句1;
            break;
        case 常量2:
            语句2;
            break;

            ·
            ·
            ·

        case 常量n:
            语句n;
            break;
        default:
            语句n + 1;
            break;
    }
```

　　首先对switch后面括号中的表达式进行条件判断，在switch大括号的语句块中，使用case关键字表示检验条件的各种情况，其后的语句是相应的操作。default关键字的作用是如果没有符合以上条件的情况，那么执行default后的默认情况语句。

注意　① 常量1、常量2……常量n，必须是不同的值。
　　　　② case后面必须是整数、字符常量，不能是类似于$a+b$这样的表达式。
　　　　③ case后的语句执行完后，若要跳出switch语句必须有break。

3.5.3　编程实例讲解

ZZ1218：判断运算符

题目描述

请判断运算符的作用。

如果是+，则输出 Add。如果是-，则输出 Sub。

如果是*，则输出 Mul。如果是/，则输出 Div。

如果是%，则输出 Mod。如果是其他符号，则输出 Error。

输入

一个表示运算符的字符。

输出

如果是+，则输出 Add。如果是-，则输出 Sub。

如果是*，则输出 Mul。如果是/，则输出 Div。

如果是%，则输出 Mod。如果是其他符号，则输出 Error。

样例输入

+

样例输出

Add

编程思路

　　根据题意会有多种情况，用if多重选择分支或者switch语句处理，这里我们用switch语句来操作。

程序代码及注释

```
#include <iostream>

using namespace std;
```

```cpp
int main()
{
   char c; //定义一个字符类型的变量c

   cin >> c; //输入字符
   switch (c) //通过switch语句判断输入的符号, 然后对应输出内容
   {
      case '+': //如果字符变量c等于加号'+'的时候
         cout << "Add";
         break;   //跳出程序, 即跳过switch语句大括号中剩下的语句
      case '-': //如果字符变量c等于减号'-'的时候
         cout << "Sub";
         break;
      case '*': //如果字符变量c等于乘号'*'的时候
         cout << "Mul";
         break;
      case '/': //如果字符变量c等于除号'/'的时候
         cout << "Div";
         break;
      case '%': //如果字符变量c等于求余号'%'的时候
         cout << "Mod";
         break;
      default : //如果字符变量c都不等于以上几种情况的时候
         cout << "Error";
         break;
   }

   return 0;
}
```

程序运行结果如图3-16所示。

图 3-16

3.5.4 阶段性编程练习

ZZ1105: 星期几

题目描述

输入数字 1 ～ 7 的表示星期一至星期日，输出对应的星期几的英文名称。

如果是1，则输出 Monday；

如果是2，则输出 Tuesday；

如果是3，则输出 Wednesday；

如果是4，则输出 Thursday；

如果是 5，输出 Friday；

如果是 6，输出 Saturday；

如果是 7，输出 Sunday。

输入

输入一个数字。

输出

输出对应的英文名称。

样例输入

1

样例输出

Monday

> **注**　完成练习后，读者需要根据公众号提示进行作业提交，检测所写的程序
> 是否正确。

3.6　逻辑运算

3.6.1　逻辑运算程序范例

编写并运行以下程序。

```cpp
#include <iostream>
#include <cstdio>

using namespace std;

int main()
{
    int a = 10, b = 50;

    if ( a > 20 || b > 20 )
    {
        cout << "A";
    }
    else
    {
        cout << "B";
    }
```

```
    return 0;
}
```

程序运行结果如图3-17所示。

程序解释

程序运用了逻辑运算或（‖），表示只要有一个成立，那么条件就成立。因为程序中b=50是大于20的，所以if条件成立，输出A。

图 3-17

接下来我们学习逻辑表达式和运算符。

3.6.2 逻辑运算的用法

1. 逻辑表达式

逻辑表达式也称布尔表达式，是用逻辑运算符将关系表达式或逻辑量连接起来的式子。

逻辑表达式的结果只有两个：

（1）true（真，条件成立）；

（2）false（假，条件不成立）。

在C++编程语言中有如下规则：

（1）0表示假false(条件不成立)；

（2）非0表示真true(条件成立)。

即0为假，非0为真。

2. 逻辑运算符

C++语言中的逻辑运算符有3种（且、或、非），如表3-2所示。

表 3-2

逻辑运算符	逻辑运算	判断
&&	且	只要有一个为假，则结果为假；同时为真，其结果才为真
‖	或	只要有一个为真，则结果为真；同时为假，其结果才为假
!	非	原来为真则为假；原来为假则为真

逻辑表达式写法实例如表3-3所示。

表3-3

逻辑含义	逻辑表达式写法
a 大于等于 0 且小于等于 10	a >= 0 && a <= 10
a 不大于 5	!(a > 5) 或者 a <= 5
a 小于 0 或者 a 大于 10	a < 0 ‖ a > 10
a 大于 0 且 b 大于 0	a > 0 && b > 0
a 大于 0 且小于 5 或 b 不等于 0	(a > 0 && a < 5) ‖ (b != 0)
a 小于 5 或大于 10	a < 5 ‖ a > 10
a 大于 0 或 b 大于 0 不成立	!(a > 0 ‖ b > 0) 或者 a <=0 && b <= 0

程序实例

编写并运行以下程序。

```cpp
#include <iostream>
#include <cstdio>

using namespace std;

int main()
{
    if ( 0 && 1 )
    {
        cout << "true" << endl;
    }
    else
    {
        cout << "false" << endl;
    }

    if ( 0 || 1 )
    {
        cout << "true" << endl;
    }
    else
    {
        cout << "false" << endl;
    }

    if ( !0 )
    {
        cout << "true" << endl;
    }
    else
```

```
    {
        cout << "false" << endl;
    }

    return 0;
}
```

程序运行结果如图3-18所示。

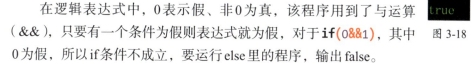

程序解释

在逻辑表达式中，0表示假、非0为真，该程序用到了与运算

（&&），只要有一个条件为假则表达式就为假，对于**if(0&&1)**，其中　图3-18

0为假，所以if条件不成立，要运行else里的程序，输出false。

3.6.3　编程实例讲解

ZZ1102：判断闰年

题目描述

输入一个年份 x（x为整数），判断是否为闰年。如果是则输出Yes，否则输出No。

输入

x（x为整数）。

输出

Yes或No。

样例输入

2000

样例输出

Yes

编程思路

闰年的判断方法如下。

（1）能被4整除，但不能被100整除。

（2）能被400整除。

只要能满足以上两个条件中的一个就说明是闰年。

根据第一个条件写出表达式：$(x\%4==0)\&\&(x\%100!=0)$。

根据第二个条件写出表达式：$(x\%400==0)$。

最后用或（||）把两个表达式连接起来就是整个的条件判断。

程序代码

```cpp
#include <iostream>
#include <cstdio>

using namespace std;

int main()
{
    int x;

    cin >> x;
    if(((x % 4 == 0) && (x % 100 != 0)) || (x % 400 == 0))
    {
        cout << "Yes";
    }
    else
    {
        cout << "No";
    }

    return 0;
}
```

程序运行结果如图3-19所示。

图 3-19

3.6.4　阶段性编程练习

ZZ1220：识别三角形

题目描述

输入3个正整数，判断这3种长度的边能否构成三角形，如果不能，则输出"NO"。如果能构成三角形，则判断构成了什么三角形？按等边、直角、一般三角形分类，依次输出对应的三角形类型 "Equilateral" "Right" "General"。

输入

在一行内输入3个用空格隔开的正整数 a、b、c，表示三角形的3条边长。（1<=a、b、c<=1000）

输出

输出对应三角形的类型，如果不能构成三角形，则输出"NO"；如果构成的是等边三角形，则输出"Equilateral"；如果构成的是直角三角形，则输

出 "Right"；如果构成的是其他三角形，则输出 "General"。

样例输入

3 4 5

样例输出

Right

> **注**　完成练习后，读者需要根据公众号提示进行作业提交，检测所写的程序
> 是否正确。

3.7　第 3 章编程作业

1.　作业 1

ZZ1211：小明开超市 2

题目描述

经过一段时间的促销，小明觉得效果不错。为了更大程度地刺激大家的
消费欲望，小明决定把促销活动规则细化一下。

（1）单次购买金额超过 100 元（不包括 100 元）的总价打 9 折。

（2）单次购买金额超过 200 元（不包括 200 元）的总价打 8 折。

输入

客户购买商品的总金额（可能为小数）。

输出

小明应该收客户多少钱（保留 1 位小数）。

样例输入

50

样例输出

50.0

2.　作业 2

ZZ1103：求某月份的天数

题目描述

输入年和月份，求该月有多少天。

输入

y m（*y* 表示年，*m* 表示月）。

输出

该月有多少天。

样例输入

2000 1

样例输出

31

3. 作业 3

ZZ1383：十六进制符号转数字

题目描述

在程序中，我们有 3 种方式表示一个整数，十进制、八进制和十六进制。程序中以 0 开头的数为八进制数。以 0x 开头的数为十六进制数。

例如，int a = 023; 表示 *a* 的初始值为八进制数 23。int a = 0xAF; 表示 *a* 的初始值为十六进制数 AF。

因为十六进制数的每个数位上的数字为 0 ～ 15，共 16 种取值，因此通常采用 A ～ F 分别表示 10 ～ 15。

输入

0 ～ 9、A ～ F 中的任意一个表示十六进制数位的字符。

输出

该字符对应的整数（例如，输入 1，输出 1；输入 B，输出 11）。

样例输入

A

样例输出

10

4. 作业 4

ZZ1097：简单计算器

题目描述

一个最简单的计算器，支持 +、−、*、/ 这 4 种运算。仅需考虑输入/输出为整数的情况，数据和运算结果不会超过 int 类型所能表示的范围。

输入

输入只有一行，共有3个参数，用空格隔开，第1个和第2个参数为整数，第3个参数为操作符（+、−、*、/）。

输出

输出只有一行，一个整数，为运算结果（计算除法时表示整除）。然而会有以下情况。

（1）如果出现除数为0的情况，则输出 Divided by zero!

（2）如果出现无效的操作符(即不为+、−、*、/之一），则输出 Invalid operator!

样例输入

---

1 2 +

样例输出

3

---

5. 作业5

ZZ1104：计算个人所得税

题目描述

个人所得税的计算方法如下：

应纳个人所得税 = 应纳税所得额 × 适用税率 − 速算扣除数

应纳税所得额 = 月收入 − 扣除标准(扣除标准为3 500元/月)

（1）当应纳税所得额小于等于0时，则不需要交税。

（2）当应纳税所得额不超过1 500元时，适用税率为3%，速算扣除数为0。

（3）当应纳税所得额大于1 500元且小于等于4 500元，适用税率为10%，速算扣除数为105。

（4）当应纳税所得额大于4 500元且小于等于9 000元，适用税率为20%，速算扣除数为555。

（5）当应纳税所得额大于9 000元且小于等于35 000元，适用税率为25%，速算扣除数为1 005。

（6）当应纳税所得额大于35 000元且小于等于55 000元，适用税率为30%，速算扣除数为2 755。

（7）当应纳税所得额大于55 000元且小于等于80 000元，适用税率为35%，速算扣除数为5 505。

（8）当应纳税所得额超过80 000元，适用税率为45%，速算扣除数为13 505。

小明的税前输入 x 元，请求出他的税后收入是多少。

输入

税前收入 x 元（整数）。

输出

税后收入（保留2位小数）。

样例输入

4500

样例输出

4470.00

注　完成作业后，读者需要根据公众号提示进行作业提交，检测所写的程序是否正确。

第4章
循环

编程任务

学校期末考试结束了，班上有50个学生，现在由你编写程序统计期末考试中数学成绩大于80分的学生总人数。

你会怎么操作？

我们在第3章中学过 if 判断语句，是不是写50个 if 语句，然后判断输入的分数是否大于80分，如果大于80，则"累加器"变量就加1。用这种方法，如果要统计全年级2 000个学生的情况，难道要写2 000条 if 语句么？

有好办法吗？

当然有。这种重复的事情，应该用程序的循环结构来解决。在循环结构里，只需要写一个 if 判断语句，然后重复执行这个语句50次，或者2 000次就可以了。

计算机最擅长的就是按照设定的规则，不断地重复做事情，这就是循环结构程序设计。使用循环结构可以让程序重复执行，也使程序代码更加简洁，减少冗余。

　　C++语法结构包括顺序结构、分支结构、循环结构。接下来我们就学习
C++的3种循环结构，for、while、do...while循环。

4.1　for 循环

4.1.1　for 循环程序范例

　　编写并运行以下程序。

```cpp
#include <iostream>
#include <cstdio>

using namespace std;

int main()
{
    for (int i = 1; i <= 5; i++)
    {
        cout << "考试第一名！" << endl;
    }

    return 0;
}
```

　　程序运行结果如图4-1所示。

图 4-1

　　修改程序：把程序中的 i <= 5 修改为 i <= 100，再运行该程序。

```cpp
#include <iostream>
#include <cstdio>

using namespace std;

int main()
{
    for (int i = 1; i <= 100; i++)
    {
        cout << "考试第一名！" << endl;
    }
```

```
    return 0;
}
```

程序解释

以上程序我们只写了一句"考试第一名"，但程序执行的时候却显示了很多句的"考试第一名"，例如第一个程序显示了5句，第二个程序显示了100句。为什么会有这么神奇的效果？因为我们用到了程序的循环结构。

4.1.2 for 循环的用法

循环就是让计算机重复做事情的有利"工具"，而for循环是C++中十分常用且灵活的一种循环结构。在实际应用中，一般是在重复执行的操作（循环体）次数固定或者已知的情况下使用，所以for循环也称为计数循环，即预先知道要重复执行的次数。如程序范例中的**for(int i = 1; i <= 5; i++)**，就知道循环要执行5次。

1. for循环语句语法规则

```
for (初始语句; 判断条件; 循环动作)
{
    循环体;
}
```

for循环主要包括以下4个部分。

（1）初始语句：执行循环前的初始化操作。

（2）判断条件：如果条件成立，则执行循环体。

（3）循环体：当条件成立时执行的语句。

（4）循环动作：每轮循环后执行的操作。

例如，在程序范例中，有以下程序结构。

（1）初始语句：定义了一个变量i，将其初始化为1。

（2）判断条件：通过判断i是不是小于等于5来决定程序是否执行循环体。

（3）循环体：输出"考试第一名"（当条件成立时执行的语句）。

（4）循环动作：每轮循环后都执行i++。

2. for循环程序的执行过程

for循环执行的时候按照：初始语句→判断条件→循环体→循环动作→判断条件……这样一个顺序来循环执行的。

程序范例中for循环的执行过程

先定义初始语句**int i = 1**，然后看判断条件i <= 5，如果满足判断条

件，那么就执行循环体里的语句，输出"考试第一名"，接着做循环动作 i++，
i 自加 1 后（例如之前 i=1，自加 1 后 i 就等于 2），再看判断条件（i <= 5），如
果自加 1 后的 i 还是小于等于 5 就继续执行循环体里的语句，直到 i 自加到 6，
不满足判断条件（i <= 5），结束循环。

　　通过以上学习，我们知道了 for 循环的定义和执行过程，下面通过程序实
例了解 for 循环语句。

3. 程序实例

编写并运行以下程序。

```cpp
#include <iostream>
#include <cstdio>

using namespace std;

int main()
{
    int sum = 0;

    for (int i = 1; i <= 5; i++)
    {
        sum += i;
    }
    cout << sum;

    return 0;
}
```

　　程序运行结果如图 4-2 所示。

程序解释

这个程序是算 1+2+3+4+5 的和，具体的执行过程。

15

图 4-2

（1）定义一个 int 整型变量 *sum* 并初始化为 0，用来累加求和。

（2）通过 for 循环初始条件 i=1，判断条件 i<=5，循环体 sum+=i，循环动
作 i++，来累加求和。

（3）sum+=i 等价于 sum=sum+i，i 的值从 1 变到 5，循环过程中连续地把 1、
2、3、4、5 累加到变量 *sum* 里。

（4）最后输出 1+2+3+4+5 的和为 15。

把程序中的 i <= 5 变换为 i <= 100。

```cpp
#include <iostream>
#include <cstdio>
```

```
using namespace std;

int main()
{
    int sum = 0;

    for (int i = 1; i <= 100; i++)
    {
        sum += i;
    }
    cout << sum;

    return 0;
}
```

修改后，这个程序就是计算1+2+3+4+5…+100的和，输出的结果是5 050。

小技巧 累加求和的过程需要一个"累加器"，并且要将变量sum初始化为 0。如果是乘积累乘的"累乘器"，则需要将结果初始化为1。

知识扩展

变量的作用范围：在循环中定义的变量，作用范围只能是在循环内部，即该变量只在循环体内有效。例如**for (int i = 1; i <= 100; i++)** 在for循环中定义的变量i就只能在for循环内部使用。

4. for循环的变体

for循环的一般形式

```
for (初始语句; 判断条件; 循环动作)
{
    循环体;
}
```

一个完整的for循环包括初始语句、判断条件、循环动作、循环体这4个部分，但在使用时，任何一部分其实都是可以省略的，有多种变体形式。

例如

变体形式1：

```
for (; 判断条件; 循环动作)
{
    循环体;
}
```

这种形式省略了初始语句。

变体形式2：

```
for (; 判断条件;)
{
    循环体;
}
```

这种形式省略了初始语句和循环动作。

变体形式3：

```
for (; 判断条件; 循环动作)
{
}
```

这种形式省略了初始语句和循环体。

注意　如果省略了判断条件，没有循环的终止条件，循环就会变成无限循环，也称为"死循环"。

程序实例

```cpp
#include <iostream>

using namespace std;

int main()
{
    int i = 10;
    for ( ; i >= 1; i--)
    {
        cout << i << " ";
    }

    return 0;
}
```

程序运行结果如图4-3所示。

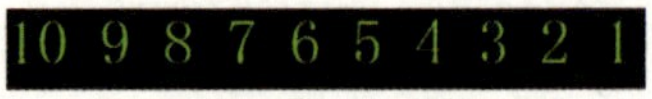

程序解释：这个程序省略了for循环的初始语句。

```
10 9 8 7 6 5 4 3 2 1
```

图 4-3

4.1.3　编程实例讲解

1. 实例1

ZZ1243：求n个整数的和

题目描述

求n个整数的和。

输入

两行。

第1行为 n，表示输入的整数的个数。

第2行包含 n 个整数，整数与整数间使用空格隔开。

输出

n 个数的和（最大不超过 2×10^{18}）。

样例输入

5
1 2 3 4 5

样例输出

15

编程思路：用 for 循环体来输入并累加输入的和。

程序代码

```cpp
#include <iostream>
#include <cstdio>

using namespace std;

int main()
{
    int n, m, sum = 0;

    cin >> n;
    for (int i = 1; i <= n; i++)
    {
        cin >> m;
        sum += m;
    }
    cout << sum;

    return 0;
}
```

程序运行结果如图4-4所示。

程序解释

程序的功能是任意输入 n 个数，计算机自动计算这 n 个数的和。本实例中是输入5个数，每次输入的值依次是1、2、3、4、5，*sum* 累加求和就是计算1+2+3+4+5的和。

图 4-4

程序执行过程

（1）变量 *n* 表示接下来将要输入 *n* 个整数，变量 *m* 表示每次输入的整数，变量 *sum* 用来累加求和。

（2）用 for 语句循环 *n* 次，每次循环体输入一个整数 *m*，并累加到 *sum* 中，这样循环 *n* 次后，*sum* 就是 *n* 次输入值的和。

（3）最后输出"累加"的和 *sum*。

2. 实例 2

ZZ1068：求 *n* 个整数的最大值

题目描述

求 *n* 个整数的最大值（$1 \leqslant n \leqslant 100$）。

输入

两行。

第 1 行为 *n*，表示输入整数的个数。

第 2 行为 *n* 个整数，整数间使用空格隔开。

输出

n 个整数中的最大值。

样例输入

```
5
2 3 8 5 7
```

样例输出

```
8
```

编程思路： *n* 个整数轮流"打擂台"做比较。

程序代码及注释

```cpp
#include <iostream>

using namespace std;

int main()
{
    int n, max, t;

    cin >> n;       //输入n,表示接下来输入n个整数
    cin >> t;       //输入的第一个数
    max = t;        //将第一个数赋值给max
    //用for循环输入并比较剩下的n-1个数
    for (int i = 1; i <= n-1; i++)
```

```
{
    cin >> t;        //每循环一次，输入一个数
    if (t > max)    //新输入的数与之前的最大值max比较
    {
        max = t;     //如果新输入的数比max大，则将t赋值给max
    }
}
cout << max;        //输出最大值max

return 0;
}
```

程序运行结果如图4-5所示。

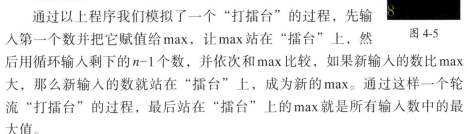

图 4-5

程序解释

通过以上程序我们模拟了一个"打擂台"的过程，先输入第一个数并把它赋值给max，让max站在"擂台"上，然后用循环输入剩下的 $n-1$ 个数，并依次和max比较，如果新输入的数比max大，那么新输入的数就站在"擂台"上，成为新的max。通过这样一个轮流"打擂台"的过程，最后站在"擂台"上的max就是所有输入数中的最大值。

3. 实例3

ZZ1247：统计奖牌

题目描述

奥运会上，A国的运动员参与了 n 天的决赛项目（$1 \leqslant n \leqslant 17$）。现在要统计一下A国所获得的金、银、铜牌数目及总奖牌数。

输入

第1行是A国参与决赛项目的天数 n。

接下来的 n 行中，每一行依次为该国某一天所获得的金、银、铜牌的数量，以空格隔开。

输出

输出仅1行，包括4个整数，依次为A国所获得的金牌总数、银牌总数、铜牌总数、总奖牌数（金、银、铜牌总数的和），以空格隔开。

样例输入

```
3
1 0 3
3 1 0
0 3 0
```

样例输出

4 4 3 11

编程思路： 在循环中输入金、银、铜牌数，并累加求和。

程序代码及注释

```cpp
#include <iostream>

using namespace std;

int main()
{
    int n = 0, a = 0, b = 0, c = 0, s = 0;
    int x, y, z; //x、y、z分别表示每次输入的金、银、铜牌数

    cin >> n;   //n表示天数
    for (int i = 1; i <= n; i++) //用for循环进行n天的输入
    {
        cin >> x >> y >> z; //输入每天的金、银、铜牌数
        a += x;  //变量a累加每天的金牌数
        b += y;  //变量b累加每天的银牌数
        c += z;  //变量c累加每天的铜牌数
    }
    s = a + b + c; //变量s计算所有的奖牌数
    cout << a << " " << b << " " << c << " " << s;

    return 0;
}
```

程序运行结果如图4-6所示。

程序解释

程序里用for循环模拟n天的情况，在循环体内进行输入和累加操作，用于累加的变量一定要注意初始化为0。

图 4-6

4.1.4 阶段性编程练习

1. 题目1

ZZ1244：求n个整数的乘积

题目描述

求n个整数的乘积。

输入

两行。

第1行为n，表示输入的整数的个数。

第2行包含 n 个整数，整数之间使用空格隔开。

输出

n 个数的乘积。

样例输入

```
5
1 2 3 4 5
```

样例输出

```
120
```

2. 题目2

ZZ1067：求 n 个整数的平均值

题目描述

求 n 个整数的平均值,结果保留两位小数。

输入

两行。

第1行为 n，表示输入的整数个数。

第2行包含 n 个整数，整数之间使用空格隔开。

输出

n 个数的平均值（保留两位小数）。

样例输入

```
5
1 2 3 4 5
```

样例输出

```
3.00
```

3. 题目3

ZZ1069：求 n 个整数的最小值

题目描述

求 n 个整数的最小值（$1 \leqslant n \leqslant 100$）。

输入

两行。

第1行为 n，表示输入的整数个数。

第2行为 n 个整数，整数之间使用空格隔开。

输出

n个整数中的最小值。

样例输入

```
5
2 3 8 5 7
```

样例输出

```
2
```

4. 题目4

ZZ1246：最大跨度

题目描述

给定一个长度为n的非负整数序列，请计算序列的最大跨度值（最大跨度值＝最大值减去最小值）。

输入

两行。

第1行为序列中整数的个数n（$1 \leqslant n \leqslant 1\,000$）。

第2行为序列的n个不超过1 000的非负整数，整数之间以空格隔开。

输出

最大跨度值。

样例输入

```
6
3 0 8 7 5 9
```

样例输出

```
9
```

5. 题目5

ZZ1108：表演打分

题目描述

在一次运动会方队表演中，学校安排了10名老师打分。对于给定的每个参赛班级的不同打分（百分制整数），按照去掉一个最高分、去掉一个最低分，再算出平均分的方法，得到该班级的最后得分。

输入

一行用空格隔开的10个正整数，表示10位老师的打分。

输出

输出该班级的最终得分，答案保留3位小数。

样例输入

90 89 92 90 93 95 88 90 89 88

样例输出

90.125

6. 题目6

ZZ1203：统计直角三角形的数量

题目描述

直角三角形的两直角边 a、b 与斜边 c 存在以下关系：

$c \times c = a \times a + b \times b$

输入 n 组数据，求有多少组数据是直角三角形的3条边。

输入

第1行为 n（表示接下来有 n 组数据，$1 \leqslant n \leqslant 100$）。

接下来的 n 行，每行包含3个整数 a、b、c。其中 a、b 表示直角边，c 表示斜边。a、b、c 用空格隔开。

输出

有多少组数据满足直角三角形关系。

样例输入

3
3 4 5
1 2 3
6 8 10

样例输出

2

7. 题目7

ZZ1145：统计整除数字的个数

题目描述

输入3个整数 m、n、a。其中 $m \leqslant n$。统计 m 到 n 中（包括 m 和 n）能被 a 整除的数字个数。

输入

$m\ n\ a$（m、n、a 均大于等于 1 且小于等于 100 000，且 $m \leqslant n$）。

输出

$m \sim n$ 之间（包括 m 和 n）能被 a 整除的数字个数。

样例输入

---

2 6 2

样例输出

3

注　完成练习后，读者需要根据公众号提示进行作业提交，检测所写的程序是否正确。

4.2　while 循环

4.2.1　while 循环程序范例

编写并运行以下程序。

```cpp
#include <iostream>
#include <cstdio>

using namespace std;

int main()
{
    int n;

    cin >> n;
    while (n > 0)
    {
        cout << "考试第一名！" << endl;
        cin >> n;
    }
    cout << "结束循环！";

    return 0;
}
```

程序运行结果如图 4-7 所示。

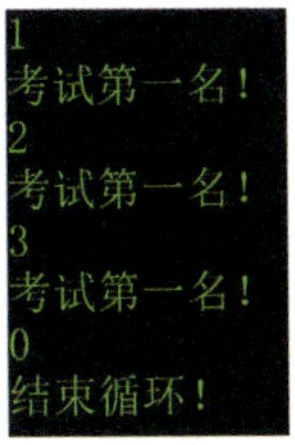

图 4-7

程序解释

程序用到了while循环，只要输入的*n*大于0就执行循环体里的语句，当输入的*n*小于等于0的时候结束循环。

这种while循环的特点是在开始循环之前不确定循环的次数。

4.2.2　while 循环的用法

1. while循环语法规则

```
while (判断条件)
{
    循环体;
}
```

while循环程序执行过程

先看while循环的判断条件，如果条件成立，则执行一次循环体，在执行一次循环体后，程序再次运行到while的条件判断语句，继续看条件成立与否，如果成立则继续执行一次循环体，然后再判断条件……如此往复，直到条件不成立时，退出循环。

如果一开始执行while循环判断条件语句时，条件就不成立，则不执行循环体的内容，直接退出循环。执行过程如图4-8所示。

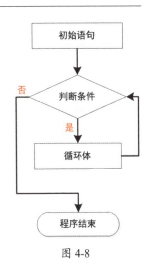

图 4-8

2. 程序实例

```
#include <iostream>

using namespace std;

int main()
{
```

```
int i = 1, sum = 0;

while (i <= 100)
{
    sum += i;
    i++;
}
cout << sum;

return 0;
}
```

程序运行结果如图4-9所示。

程序解释

5050

图 4-9

程序先对变量*sum*和*i*进行初始化，然后执行while循环，条件是i**<=100**，循环体是对*sum*累加以及*i*自加的语句。当*i*自加到101时，不满足判断条件，退出循环。整个while循环就是计算1+2+3+……+100的和，最后输出*sum*的累加和为5050。

4.2.3 编程实例讲解

ZZ1113：求整数*n*各个位上的数字之和

题目描述

求正整数*n*每一位上的数字之和，例如，当*n*为123时，则输出的结果为1+2+3 = 6。

输入

正整数*n*（1<=*n*<=10 000 000）。

输出

正整数*n*的每一位上的数字之和。

样例输入

123

样例输出

6

程序代码及注释

```
#include <iostream>

using namespace std;
```

```
int main()
{
    int n, sum = 0, t;

    cin >> n;          //输入一个整数n
    while (n != 0)     //当n不等于0的时候就执行循环体或者用n>0作为条件
    {
        t = n % 10;    //n对10求余算出个位数t
        sum += t;      //把求出的t值累加到sum中
        n = n / 10;    //n除以10去除个位上的值
    }
    cout << sum;       //输出累加和

    return 0;
}
```

程序运行结果如图4-10所示。

图 4-10

程序解释

用while循环来对输入的数字进行处理，目标是将输入的正整数中各位上的数字依次取出。

一整数对10取余就能得到这个数的个位值，例如123对10取余，余数就是个位值3。

一个整数除以10，就会去除个位数的值，例如123除以10，就是12。

通过这种方法一步一步地把一个数中每一位上的数字取出再累加求和。在循环开始前，不能确定循环的次数，只确定循环的结束条件是n等于0。

注意　这种用while循环"取数字"的方法一定要掌握。

4.2.4　阶段性编程练习

ZZ1022：判断两个数是否互质

题目描述

判断两个数是否互质（最大公约数为1）。

输入

一行，包含两个正整数m和n（m和n大于等于2且小于等于1 000 000 000）。

输出

若两数互质输出Yes，否则输出No。

样例输入

2 3

样例输出

Yes

注　完成练习后，读者需要根据公众号提示进行作业提交，检测所写的程序是否正确。

4.3　do…while 循环

4.3.1　do…while 循环程序范例

编写并运行以下程序

```cpp
#include <iostream>
#include <cstdio>

using namespace std;

int main()
{
    int n;

    cin >> n;
    do
    {
        cout << "考试第一名！" << endl;
        cin >> n;
    }while (n > 0);
    cout << "结束循环！";

    return 0;
}
```

第一种程序运行结果如图4-11所示。

第二种程序运行结果如图4-12所示。

图 4-11

图 4-12

这个程序运用了循环的另外一种写法 do...while 循环。

4.3.2 do...while 循环的用法

1. do...while 循环语法规则

```
do
{
  循环体;
}while (判断条件);
```

执行过程

do...while 循环的特点是先执行一次循环体的内容，再看判断条件。如果判断条件成立，则返回继续执行循环体，直到判断条件不成立，退出循环。

注意　while 后面有分号（初学者在写程序的时候容易忘记后面的分号）。

2. do...while 循环和 while 循环的区别

无论是否满足条件，do...while 循环都必须先执行一次 do 里面的循环体。例如程序范例运行结果 2 中，当第一个输入的 n 是 0 的时候，即使 n 不满足 $n>0$ 的条件，仍然会先执行 do 语句里面的内容，再看判断条件。

也就是说，无论第一个输入的是什么值，do...while 循环都会先执行一次循环体里的语句，再看判断条件，即 do...while 循环至少要执行一次。while 循环先看判断条件，如果条件不成立，就直接退出循环，循环体一次都不执行。

3. 程序实例

编写并运行以下程序。

```cpp
#include <iostream>
#include <cstdio>

using namespace std;

int main()
{
    int pwd = 0;

    do
    {
        cout << "请输入密码: ";
        cin >> pwd;
    }while (pwd != 123456);
```

```
    cout << "输入密码正确！";

    return 0;
}
```

程序运行结果如图4-13所示。

程序解释

运用do...while循环先输入密码，如果密码错误，就重新输入，直到输入的密码正确才退出循环。

图 4-13

4.3.3 编程实例讲解

ZZ1116：回文数判断

题目描述

设n是任意自然数。若将n的各位数字反向排列，得到的自然数$n1$与n相等，则称n是一个回文数。

例如：若n=1234321，则称n是一个回文数；但若n=1234567，则n不是回文数。

请判断输入的整数n是否是回文数，如果是，则输出 Yes，否则输出 No。

输入

整数n。

输出

Yes 或 No。

样例输入

1221

样例输出

Yes

编程思路：用do...while循环对数字进行拆分，然后处理比较。

程序代码及注释

```
#include <iostream>

using namespace std;

int main()
{
    int n, m, s = 0, a; //注意变量s要初始化为0
```

```
  cin >> n;                //输入一个整数n
  a = n;                   //将n的初始值存储到a中，用于最后进行比较
  do
  {
    m = n % 10;            //n对10求余算出个位数
    s = s * 10 + m;        //对数字n中的数字进行反向排列
    n = n / 10;            //n除以10去除个位上的数字
  }while (n != 0);         //当n等于0的时候结束循环

  if(s == a)               //将反向排列后的值s与n的初始值a进行比较
  {
    cout << "Yes";         //相等输出Yes
  }
  else
  {
    cout << "No";          //不等输出No
  }

  return 0;
}
```

程序运行结果如图4-14所示。

图 4-14

4.3.4 阶段性编程练习

ZZ1115：小玉游泳

题目描述

小玉开心地在游泳，可是她很快就发现，自己的力气不够，游泳好累。已知小玉第一步能游2米，可是随着越来越累，力气越来越小，她接下来的每一步都只能游出上一步距离的98%。现在小玉想知道，如果要游到距离起点 x 米的地方，她需要游多少步呢。请你编程解决这个问题。

输入

输入一个数字（不一定是整数，但要求小于100），表示要游的目标距离。

输出

输出一个整数，表示小玉一共需要游多少步。

样例输入

样例输出

3

> **注** 完成练习后，读者需要根据公众号提示进行作业提交，检测所写的程序是否正确。

4.4 continue 和 break

4.4.1 continue 和 break 程序范例

1. continue 语句程序范例

阅读并运行以下程序

```cpp
#include <iostream>
#include <cstdio>

using namespace std;

int main()
{
    for (int i = 1; i <= 10; i++)
    {
        if (0 == i % 2)
        {
            continue;
        }
        cout << i << " ";
    }

    return 0;
}
```

程序运行结果如图 4-15 所示。

程序解释

程序用到了 continue 语句，当程序运行到 continue 语句的时候就会跳过循环体里剩下的内容，进入下一次循环。

图 4-15

例如在程序中，当 i 为偶数的时候就会执行 continue 语句，跳过后面的输出语句，所以程序最后输出的都是 10 以内的奇数。

2. break 语句程序范例

编写并运行以下程序。

```cpp
#include <iostream>
#include <cstdio>

using namespace std;

int main()
{
    for (int i = 1; i <= 10; i++)
    {
        if (0 == i % 2)
        {
            break;
        }
        cout << i << " ";
    }

    return 0;
}
```

程序运行结果如图4-16所示。

程序解释

图 4-16

这个程序和上一个程序相比，把continue换成了break，用到了break语句。

break语句的特点是当程序执行到break的时候，就会停止整个循环体，直接跳出所有循环。

例如，在程序中，当 i 等于2时，满足 **if(0 == i % 2)** 的条件，则执行break语句，停止整个循环体，跳出循环。最后输出的结果只有一个数字1。

4.4.2 continue 和 break 的用法

1. continue 语句

当程序运行到continue语句的时候，程序会跳过本次循环剩余的部分，继续开始下一次循环。程序执行过程如图4-17所示。

2. break 语句

当运行到break语句的时候，程序会终止当前循环，执行当前循环以外的语句。程序执行过程如图4-18所示。

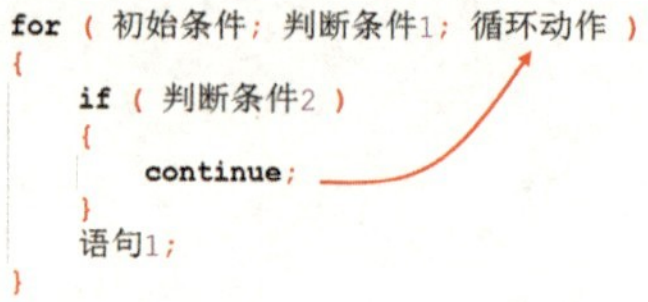

```
for ( 初始条件; 判断条件1; 循环动作 )
{
    if ( 判断条件2 )
    {
        continue;
    }
    语句1;
}
```

图 4-17

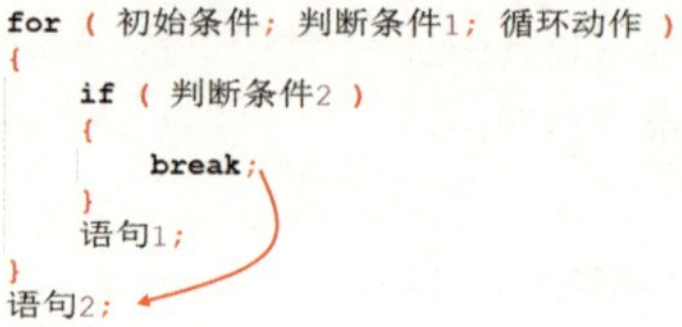

```
for ( 初始条件; 判断条件1; 循环动作 )
{
    if ( 判断条件2 )
    {
        break;
    }
    语句1;
}
语句2;
```

图 4-18

4.4.3　编程实例讲解

ZZ1020：判断一个数是否是素数

题目描述

素数（prime number）又称质数。素数定义为在大于1的自然数中，除了1和它本身以外不再有其他因数。1不是素数。

如果输入的数是素数则输出 Yes，否则输出 No。

输入

正整数 n（ $1<=n<=10^{12}$ ）。

输出

如果是素数则输出 Yes，否则输出 No。

样例输入

3

样例输出

Yes

编程思路：用循环依次对输入的数进行整除判断，如果能够整除就说明不是素数，直接用 break 跳出循环。

程序及注释

```cpp
#include <iostream>
#include <cmath>

using namespace std;

int main()
{
    long long n, flag = 0;

    cin >> n; //输入一个正整数
    if (1 == n) //如果输入的数是1，就输出No
    {
        cout << "No";
```

```
}
else  // 输入的数大于1的情况
{
//最小从2开始，最大是该数的开方，依次循环进行判断
for (int i = 2; i <= sqrt(n); i++)
{
   if (0 == n % i) //判断是否能够整除
   {
      flag = 1; //如果能够整除，就将flag标记设定为1
      break; //跳出循环
   }
}
if (1 == flag) //如果flag标记等于1就说明不是素数
{
   cout << "No";
}
else
{
   cout << "Yes";
}
}
return 0;
}
```

程序运行结果如图4-19所示。

图 4-19

小技巧　判断一个数的因数时，只须将最大的除数设置为这个数的平方根，这样可以减少循环次数，优化程序，例如程序中的 $i <= \text{sqrt}(n)$。

4.4.4　阶段性编程练习

ZZ1250：求能被整除的最小整数

题目描述

输入3个整数 m、n、a。其中 $m <= n$。求 m 到 n 中（包括 m、n）能被 a 整除的最小整数，若 m 到 n 中没有能被 a 整除的数则输出 -1。

输入

$m\ n\ a$（$1 \leqslant m$ 和 $n \leqslant 10^9$ 且 $m \leqslant n$，$1 \leqslant a \leqslant 100$）。

输出

$m \sim n$ 之间（包括 m 和 n）能被 a 整除的最小整数，若其间没有能被 a 整

除的数则输出 -1。

样例输入

7 10 2

样例输出

8

注 完成练习后，读者需要根据公众号提示进行作业提交，检测所写的程序是否正确。

4.5 嵌套循环

4.5.1 嵌套循环程序范例

编写并运行以下程序。

```cpp
#include <iostream>
#include <cstdio>

using namespace std;

int main()
{
    for (int i = 1; i <= 5; i++)
    {
        for (int j = 1; j <= i; j++)
        {
            cout << "*";
        }
        cout << endl;
    }

    return 0;
}
```

程序运行结果如图 4-20 所示。

程序解释

这个程序在 for 循环里又写了一个 for 循环，类似这种在循环里写循环就叫作循环嵌套。

嵌套循环的特点是从最外层的循环开始，外层循环执行一次，内层循环执行一轮。

图 4-20

4.5.2 嵌套循环的用法

1. 嵌套循环模式

嵌套循环指在一个循环内包含另外一个循环或多个循环，嵌套循环外面的循环称为外层循环，里面的循环称为内层循环。

嵌套循环模式举例

模式 1

```
for ( 初始语句; 判断条件; 循环动作 )
{
    for ( 初始语句; 判断条件; 循环动作 )
    {

    }
}
```

这种嵌套了两层循环的就叫作双重循环。双重嵌套循环常用于按行和列两个维度处理数据，也就是说，一个循环处理所有的行（外层循环），另一个循环处理一行中的所有列（内层循环）。

模式 2

```
for ( 初始语句; 判断条件; 循环动作 )
{
    for ( 初始语句; 判断条件; 循环动作 )
    {
        for ( 初始语句; 判断条件; 循环动作 )
        {

        }
    }
}
```

这种嵌套了两层以上的就叫作多重循环。

模式 3

```
for ( 初始语句; 判断条件; 循环动作 )
{
    语句1;
    语句2;
    while ( 判断条件 )
    {

    }
}
```

根据不同的需要还可以有不同的嵌套方式，总的来说，for循环、while循环、do...while 循环 3 种循环之间都可以相互嵌套。

2. 程序实例

编写并运行以下程序

```cpp
#include <iostream>

using namespace std;

int main()
{
    for (int i = 1; i <= 9; i++)
    {
        for (int j = 1; j <= i; j++)
        {
            cout << j << "*" << i << "=" << j * i << " ";
        }
        cout << endl;
    }

    return 0;
}
```

程序运行结果如图 4-21 所示。

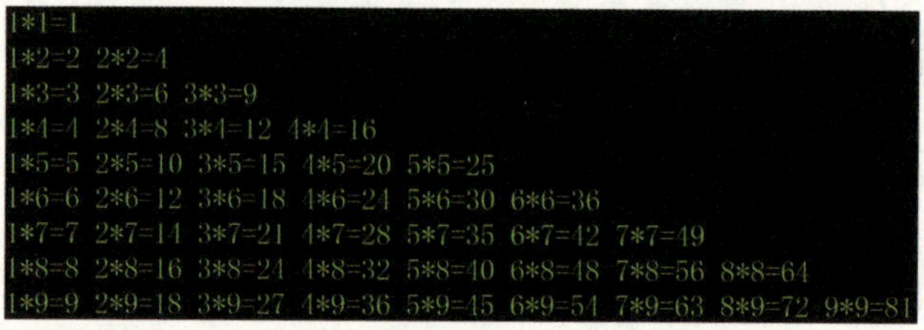

图 4-21

程序解释

运用双重循环输出九九乘法表，双重循环可用来控制程序按行和列两个维度来显示数据。

（1）外层循环处理行。外层循环是 for (int i = 1; i <= 9; i++)，外层循环中的 i 控制行，i 从 1 到 9，就表示有 9 行。

（2）内层循环处理一行中的所有列。内层循环 for (int j = 1; j <= i; j++)，内层循环中的 j 控制列，每行的列数就等于该行的行数（i），例如第一行有一列、第二行有两列、第三行有 3 列。

3. 嵌套循环中的break和continue语句

如果break和continue在嵌套循环中，那么它们都只能作用于其所在的内部循环。

在嵌套循环中，当程序执行到内部的break语句时会跳出内部循环。程序执行如图4-22所示。

在嵌套循环中，当程序执行到内部的continue语句时会跳过continue语句后面的内容，进入内部循环中的下一次循环。程序执行如图4-23所示。

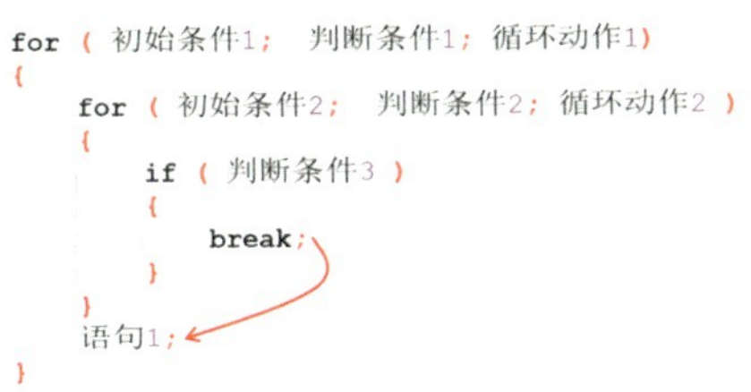

图 4-22

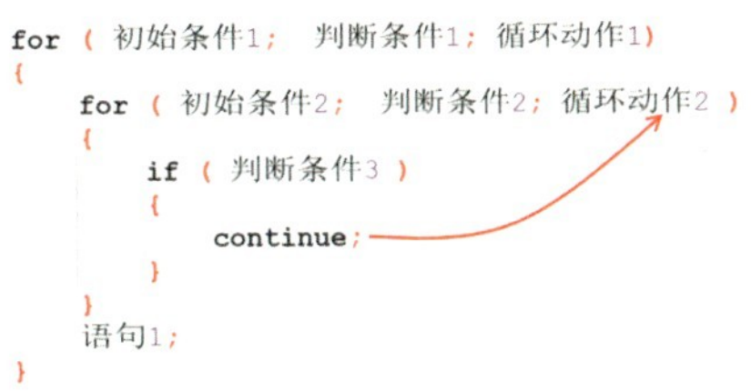

图 4-23

请认真编写以下程序实例，运行并对比以下3个程序。

程序实例1

```cpp
#include <iostream>
#include <cstdio>

using namespace std;

int main()
{
    for (int i = 1; i <= 5; i++)
    {
        for (int j = 1; j <= i; j++)
        {
            cout << j << " ";
        }
        cout << endl;
    }

    return 0;
}
```

程序运行结果如图4-24所示。

程序实例 2

```cpp
#include <iostream>
#include <cstdio>

using namespace std;

int main()
{
    for (int i = 1; i <= 5; i++)
    {
        for (int j = 1; j <= i; j++)
        {
            if (0 == j % 2)
            {
                cout << "break语句";
                break;
            }
            cout << j << " ";
        }
        cout << endl;
    }

    return 0;
}
```

程序运行结果如图 4-25 所示。

图 4-24

图 4-25

程序实例 3

```cpp
#include <iostream>
#include <cstdio>

using namespace std;

int main()
{
    for (int i = 1; i <= 5; i++)
    {
        for (int j = 1; j <= i; j++)
        {
            if (0 == j % 2)
            {
                cout << "continue语句" << " ";
```

```
                continue;
            }
            cout << j << " ";
        }
        cout << endl;
    }

    return 0;
}
```

程序运行结果如图4-26所示。

图 4-26

4.5.3 编程实例讲解

1. 实例1

ZZ1171：星号等腰三角形

题目描述

输入一个正整数 n，输出高为 n 的由 * 组成的等腰三角形。

输入

输入一个正整数。

输出

输出高为 n 的由 * 组成的等腰三角形。

样例输入

3

样例输出

```
  *
 ***
*****
```

程序代码

```
#include <iostream>
#include <cstdio>

using namespace std;
```

```cpp
int main()
{
    int n;

    cin >> n;
    for (int i = 1; i <= n; i++)
    {
        for (int k = 1; k <= n - i; k++)
        {
            cout << " ";
        }
        for (int j = 1; j <= 2 * i - 1; j ++)
        {
            cout << "*";
        }
        cout << endl;
    }

    return 0;
}
```

程序运行结果如图4-27所示。

程序解释

图 4-27

程序有3个for循环，一共分为两层，外面一层有一个for循环，里面一层有两个for循环。

（1）外层循环 i 用来控制行数。

（2）内层循环 k 用来控制每行中的空格数。

（3）内存循环 j 用来控制每行中的"*"号数。

2. 实例2

ZZ1154：输出符号图形

题目描述

输入两个自然数 m 和 n，然后输出 m 行，每行有 n 个字符。其中奇数行输出 *，偶数行输出 #。

输入

m n。

输出

由 * 和 # 组成的图形。

样例输入

3 4

样例输出

```
****
####
****
```

编程思路： 用双重循环，外层循环控制行数，内层循环控制每行的列数，控制输出的图形。

程序代码及注释

```cpp
#include <iostream>

using namespace std;

int main()
{
    int m, n;

    cin >> m >> n; //m表示行数，n表示每行的字符个数
    //用双重循环控制输出的行数和列数
    for (int i = 1; i <= m; i++)//外层循环控制行数，一共m行
    {
        for (int j = 1; j <=n; j++)//内层循环控制列数，一共n列
        {
            if (1 == i % 2) //奇数行输出的图形
            {
                cout << "*";
            }
            else //偶数行输出的图形
            {
                cout << "#";
            }
        }
        cout << endl;
    }

    return 0;
}
```

程序运行结果如图4-28所示。

图 4-28

4.5.4　阶段性编程练习

1. 题目1

ZZ1150：输出数字图形1

题目描述

输入行数 m，请输出满足图4-29规律的图形。

若 m 为2，则输出图形的前2行。

若 m 为3，则输出图形的前3行。

图 4-29

输入

行数 m。

输出

m 行满足规律的图形。

样例输入

2

样例输出

2
24

---

2. 题目2

ZZ1151：输出数字图形2

题目描述

输入行数 m，请输出满足图4-30所示规律的图形。

若 m 为2，则输出图形的前2行。

若 m 为3，则输出图形的前3行。

图 4-30

输入

行数 m。

输出

m 行满足规律的图形。

样例输入

2

样例输出

1
23

3. 题目3

ZZ1152：输出数字图形3

题目描述

输入行数 m，请输出满足图4-31所示规律的图形。

图 4-31

若 m 为2，则输出图形的前2行。

若 m 为3，则输出图形的前3行。

输入

行数 m。

输出

m 行满足规律的图形。

样例输入

2

样例输出

1
2 3

4. 题目4

ZZ1153：输出字母图形

题目描述

输入行数 m，请输出满足图4-32所示规律的图形。

若 m 为2，则输出图4-32所示图形的前2行。

若 m 为3，则输出图4-32所示图形的前3行。

输入

行数 m。

图 4-32

输出

m 行满足规律的图形。

样例输入

2

样例输出

A
B C

> **注** 完成练习后，读者需要根据公众号提示进行作业提交，检测所写的程序是否正确。

4.6 第 4 章编程作业

1. 作业1

ZZ1010：求斐波那契数列的第 n 项

题目描述

斐波那契（fibonacci）数（简称斐氏数）定义如下：

f(0) = 0; f(1) = 1; f(n) = f(n−1) + f(n−2)（其中 n>=2）

求斐波那契数列第 n 项的值（n 从 0 开始计算）。

输入

n（0<=n<=45）。

输出

斐波那契数列第 n 项的值。

样例输入

3

样例输出

2

2. 作业2

ZZ1237：数字反转（NOIP2011PJT1）

题目描述

给定一个整数，请将该数各个位上的数字反转得到一个新数。新数也应满足整数的常见形式，即除非给定的原数为零，否则反转后得到的新数的最高位数字不应为零。例如：

- 123 反转后的新数为321；
- −380 反转后的新数为−83。

输入

输入共 1 行，一个整数 N（$-10^9 <= N <= 10^9$）。

输出

输出共 1 行，一个整数，表示反转后的新数。

样例输入

-380

样例输出

-83

3. 作业 3

ZZ1248：角谷猜想

题目描述

角谷猜想又称冰雹猜想。它首先流传于美国，不久传到欧洲，后来由一位叫角谷的人带到亚洲，因此被称为角谷猜想。通俗地讲，角谷猜想的内容如下所示。

给定任意一个整数 n，当 n 是偶数时，用它除以 2，即将它变成 $n/2$；当 n 是奇数时，就将它变成 $3 \times n + 1$……若干步之后，总会得到 1。

在上述演变过程中，将每一次出现的数字排列起来，就会出现一个数字序列。

我们现在要解决的问题是：对于给定的 n，求出数字序列中第一次出现 1 的位置（位置从 1 开始编号）。

输入

输入一个整数 n。

输出

输出序列中第一次出现 1 的位置。

样例输入

6

样例输出

9

4. 作业4

ZZ1172：九九乘法表

题目描述

根据给定的 n，输出乘法口诀表的前 n 行。

输入

输入正整数 n。

输出

输出乘法口诀的前 n 行。

样例输入

3

样例输出

```
1*1=1
1*2=2 2*2=4
1*3=3 2*3=6 3*3=9
```

5. 作业5

ZZ1033：鸡兔同笼

题目描述

鸡兔同笼是中国古代著名的趣题，记载于《孙子算经》之中，也是小学奥数的常见题型。题意如下：

将若干只鸡和若干只兔放在同一个笼子里，从笼子上面数有 m 个头，从笼子下面数有 n 只脚。求笼子里有多少只兔，多少只鸡。

请列举出满足条件的组合。若不存在满足条件的组合则输出 -1 -1。

输入

在一行内输入 m n（$1 <= m$ 和 $n < 10\ 000\ 000$）。

输出

一行满足条件的组合（鸡的数量在前，兔的数量在后）。若不存在则输出 -1 -1。

样例输入

11 22

样例输出

11 0

6. 作业6

ZZ1187：数根

题目描述

数根的定义如下：对于一个正整数n，将它的各个数位上的数字相加得到一个新数，如果这个数是一位数，我们就称之为n的数根，否则重复处理直到它成为一个一位数。

例如，$n=34$，3+4=7，7是一位数，所以7是34的数根。

再如，$n=345$，3+4+5=12，1+2=3，3是一位数，所以3是345的数根。

对于输入数字n，编程计算它的数根。

输入

输入正整数n（$1 <= n < 10\ 000\ 000$）。

输出

输出n的数根。

样例输入

345

样例输出

3

---

7. 作业7

ZZ1189：判断n个数是否是素数

题目描述

素数是因数只有1及其本身的数。特别地，1不是素数。通过n次询问，判断每个数是否为素数。

输入

第1行：一个正整数n，表示有n组询问（$1 <= n <= 1000$，$1 <= m <= 100\ 0000\ 000$）。

接下来的n行，每行一个正整数m，表示询问m是否为素数，是则输出Yes，否则输出No。

输出

n行，每行一个字符串，代表答案。

样例输入

3
1

17
5

様例输出

No
Yes
Yes

---

8. 作业 8

ZZ1021：求最大质因数

题目描述

求一个数的最大质因数（包含它本身）。

输入

正整数 n（$2<=n<=10\,000\,000\,000\,000$）。

输出

正整数 n 的最大质因数。

样例输入

12

样例输出

3

---

9. 作业 9

ZZ1173：菱形

题目描述

输入一个正整数 n，输出用 1 至 $2n-1$ 的数字组成的菱形。

输入

正整数 n。

输出

输出对应的菱形（见样例）。

样例输入

3

样例输出

　1
123

```
12345
 123
   1
```

注　完成作业后，读者需要根据公众号提示进行作业提交，检测所写的程序是否正确。

第 5 章
数组

编程任务

假设期末考试结束后，学校老师知道你学了编程，现在需要你写一个程序，将整个年级2 000名学生的数学成绩存入到程序中。

你会怎么操作？

定义2 000个变量来存储每个学生的成绩？显然，这样的程序代码冗长烦琐，编程效率差，如果有10万个学生难道还要定义10万个变量么？

有好的办法吗？

当然有，就是我们接下来要学习的数组。你只需要定义一个数组变量，就可以保存2 000个学生的成绩。

C++提供了数组类型，数组就是一组相同类型的变量，例如2 000名学生的数学成绩，一个班级中所有同学的身高等。

5.1 一维数组

5.1.1 数组程序范例

编写并运行以下程序

```cpp
#include <iostream>

using namespace std;

int main()
{
    int a[10];          //定义一个长度为10的整型数组a

    for (int i = 0; i < 10; i++)
    {
        cin >> a[i];    //依次向数组a输入10个整数
    }

    for (int i = 0; i < 10; i++) //输出数组a中的整数
    {
        cout << "a[" << i << "]=" << a[i] << endl;
    }

    return 0;
}
```

程序运行结果如图5-1所示。

程序解释

这个程序通过 **int a[10]** 定义了一个整型数组a，大小是10，即可以存储10个整型数据。然后用循环分别对这个数组的元素进行输入和输出。数组可以批量存储和读取数据。接下来我们就学习这个新技能。

图 5-1

5.1.2 数组的用法

1. 数组的定义

数组由数据类型相同的一系列元素组成，其定义规则为：

数据类型　数组名[数组长度]

（1）数据类型：char、int、float、double等基础数据类型。

（2）数组名：合法的C++语言标识符，即变量名。

（3）数组长度：整型常量。在定义数组的时候，数组长度不能是变量，因为数组的大小不能动态地定义。

例如：

```
int a[10];    //定义长度为10的整型数组a
float b[20];  //定义长度为20的浮点型数组b
char c[30];   //定义长度为30的字符型数组c
```

可以把数组看作一行连续的多个存储单元。

2. 数组的访问

访问数组的规则：

数组名[下标]

例如定义一个长度为10的整型数组：

```
int a[10];
```

实际上是在内存中开辟了10个连续存储整数的空间，如图5-2所示。

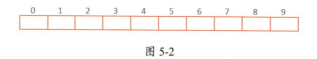

图 5-2

C++规定使用"数组名+下标"的方式来访问数组的每一个元素。

注意　数组的下标是从0开始。

例如，定义一个长度为10的数组，它的下标取值范围就为0 ～ 9，a[2]就是访问数组中的第3个元素，如图5-3所示。

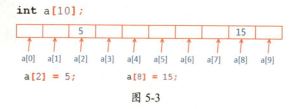

图 5-3

3. 数组越界

程序运行时访问的数组元素并不在数组的存储空间内，这种情况就称为数组越界。例如定义了一个**int a[10]**的数组，数组的范围是a[0] ～ a[9]，a[10]就是不存在的数组元素，那么a[10]就是非法引用。

程序实例

```cpp
#include <iostream>

using namespace std;

int main()
{
    int a[5];      //定义长度为5的整型数组a
    for (int i = 0; i < 10; i++)
    {
        a[i] = i; //通过循环数组访问了10个元素
        cout << a[i] << " ";
    }

    return 0;
}
```

该程序能够编译通过，也能运行，但实际上程序是有问题的，程序里定义的数组是a[5]，在使用时数组下标却超过了4。数组越界会让程序访问超出数组边界的存储单元，造成内存的混乱。

4. 数组的初始化

当我们定义普通类型的变量时，为变量设定初始值：

```cpp
int a = 0; //定义整型变量a, 并初始值设为0。
```

数组通常被用来存储程序需要的数据，数组中一般会有多个元素，可通过以下方式设定初始值：

类型标识符 数组名[常量表达式]={值1,值2,值3…}

在初始化的过程中，当初始化列表中的值少于数组元素个数时，编译器会把剩余的元素都初始化为0。也就是说，如果不初始化数组，数组元素和未初始化的普通变量一样，其存储的都是随机的垃圾值；但是，如果对数组进行部分初始化，剩余的元素就会被初始化为0。

例如：

```cpp
int a[5] = {1,2,3,4,5}; //将数组中的元素分别初始化为1,2,3,4,5
int a[10] = {0};        //将数组中所有元素初始化为0
int a[10] = {1};        //将数组中第0个元素初始化为1, 其他元素初始化为0
int a[10] = {1,2};      //将数组中第0个元素初始化为1, 第1个元素初始化为2, 其他
元素初始化为0
```

如果初始化数组时省略方括号中的数字，编译器会根据初始化列表中的项数来确定数组的大小，即编译器会自动匹配数组大小和初始化列表中的项数。

例如：

```
int a[] = {1,2,3,4,5}; //编译器自动匹配数组的大小为5
```

memset 函数

C++还提供了 memset 函数给数组整体赋值。memset 函数是给数组"按字节"进行赋值，一般用在 char 类型的数组中。如果是 int 类型的数组，一般赋值为 0 和 -1。要使用 memset 函数需要包含头文件：#include <cstring>。

例如，定义一个数组 int a[10]，那么 memset(a,0,sizeof(a))，就是将数组 a 的所有元素均赋值为 0。

5. 全局变量和局部变量

全局变量

程序中定义在函数（包括 main 函数）之外的变量称为全局变量。全局变量的作用域是程序从变量定义到整个程序结束的部分，这意味着全局变量可以被所有定义在全局变量之后的函数访问。

局部变量

函数中定义的变量是该函数的局部变量，它们在其他函数的语句中是不可见也无法访问的。

数组的定义

数组尽量在全局变量中定义，因为只有定义在全局变量中，才有足够的空间存储大数组。定义在局部变量中，例如在 main() 函数中，数组稍大，程序就可能会异常退出。

全局变量和局部变量初始值的不同

（1）在全局变量中，只要定义了变量，那么其初始值就都是 0。

（2）在局部变量中，变量定义后如果没有初始化，那么其初始值是随机的。因此局部变量定义后都应该先初始化。

6. 宏定义与限定符

（1）#define 宏定义

通过 #define（预处理器指令）的方式来宏定义常量值。

（2）const 限定符

以 const 关键字声明的对象，其值不能通过赋值或递增、递减来修改，也可以叫作"符号常量"。

符号常量的定义格式：

const 类型名 常量名;

或者

类型名 const 常量名;

例如:

```
int const A = 10;
const float PI = 3.14;
```

使用符号常量可以便于修改程序，增强程序的可读性。常量名通常用大写字母，这样能更清晰地区别常量和变量。

（3）宏定义和const限定符结合数组

通过#define宏定义或者const限定符定义常量后，其常量就相当于一个数值，可以用来定义数组的大小。

例如:

```
#define MAX 100
const int N = 10;

int a[MAX];    //定义一个整型数组a，大小为MAX的值100
int b[N];      //定义一个整型数组b，大小为N的值10
```

通过这种方式定义数组，如果需要修改数组的大小，只需要修改#define宏定义或者const限定符定义的常量值。

（4）程序实例

```
#include <iostream>
#define PI 3.14

using namespace std;

const int MONTHS = 12;

int main()
{
    cout << PI * 2 << endl;
    cout << MONTHS * 2 << endl;

    return 0;
}
```

程序运行结果如图5-4所示。

程序解释

程序中通过#define 宏定义PI，其值为3.14，在之后的程序中只要用到PI就代表3.14。程序中的PI*2就相当于3.14×2，所以最后的结果

6.28
24

图 5-4

143

是6.28。

const关键字使 MONTHS 成为一个只读值，其值为12，在之后的程序中只要用到 MONTHS 就代表12。程序中 MONTHS*2 就相当于12×2，所以最后的结果是24。

5.1.3　编程实例讲解

1. 实例1

ZZ1048：将数组逆序输出

题目描述

输入 n 个整数，将 n 个数逆序输出。

输入

两行。

第1行：数据个数 n （ 1 <= n <= 100 ）。

第2行：n 个数（数字之间用空格隔开）。

输出

一行（ n 个数的逆序排列）。

样例输入

```
4
2 3 4 5
```

样例输出

```
5 4 3 2
```

程序代码及注释

```cpp
#include <iostream>

using namespace std;

int a[100]; //在全局变量中定义一个长度为100的整型数组

int main()
{
    int n = 0;

    cin >> n;
    for (int i = 0; i < n; i++)
    {
        cin >> a[i];  //用for循环依次输入数字并存储到数组中
    }
```

```
for (int i = n - 1; i >= 0; i--)
{
    cout << a[i] << " "; //运用数组的下标，用for循环依次倒序输出数组中的值
}

return 0;
}
```

程序运行结果如图5-5所示。

图 5-5

注意 （1）语句 int a[100] 声明了一个包含100个整型变量的数组，在程序中，数组a被声明在main()函数的外面（全局变量）。

（2）在定义数组的时候，尽量定义在main()函数外面，特别是大数组。否则程序会报错。

2. 实例2

ZZ1049：数字识别

题目描述

输入一个整数，求出它是几位数，并分别打印出各位上的数字（每行一个）。

输入

x（$1 <= x <= 100\ 000$）。

输出

n行。

第1行：整数的位数。

第2～n行：整数每一位上的数字。

样例输入

234

样例输出

3
2
3
4

程序代码及注释

```cpp
#include <iostream>

using namespace std;

int main()
{
    int x,m = 0;
    int a[6]; //在局部变量中定义一个数组用来存储各个位上的数字

    cin >> x;
    while (x != 0) //用while循环来算出各位上的数
    {
        a[m] = x % 10; //x对10求余算出它的个位数
        m++;           //数组下标自加1
        x = x / 10;    //整除10分离个位上的数
    }
    cout << m << endl; //输出m, 即总的位数
    for(int i = m - 1; i >= 0; i--)
    {
        cout << a[i] << endl;  //运用数组下标输出各位上的数字
    }

    return 0;
}
```

程序运行结果如图5-6所示。

图 5-6

5.1.4 阶段性编程练习

1. 题目1

ZZ1262：小鱼的数字游戏

题目描述

　　小鱼最近参加了一个数字游戏，要求他记住自己看到的那串整数（整数的个数不确定，以0结束。但整数的个数最多不超过100个，每个整数的大小不超过10^{18}），然后倒序念出来（表示结束的数字0就不用念出来了）。这对小鱼的记忆力来说实在是太难了，所以请你帮小鱼用编程解决这个问题。

输入

在一行内输入一串整数，以0结束，以空格间隔。

输出

一行，将原来的整数倒序输出，以空格间隔。

样例输入

3 65 23 5 34 1 30 0

样例输出

30 1 34 5 23 65 3

2. 题目2

ZZ1160：陶陶摘苹果（NOIP2005PJT1）

题目描述

陶陶家的院子里有一棵苹果树，每到秋天树上就会结出10个苹果。当苹果成熟的时候，陶陶就会跑去摘苹果。陶陶有一个30厘米高的板凳，当她不能直接用手摘到苹果的时候，就会踩到板凳上再试试。

现在已知10个苹果到地面的高度，以及陶陶把手伸直的时候能够达到的最大高度。请帮陶陶算一下她能够摘到的苹果数目（假设她碰到苹果，苹果就会掉下来）。

输入

输入包括两行数据。

第1行包含10个100～200（包括100和200）的整数（以厘米为单位）表示10个苹果到地面的高度，相邻的整数之间用空格隔开。

第2行只包括一个100～120（包含100和120）的整数（以厘米为单位），表示陶陶把手伸直的时候能够达到的最大高度。

输出

输出包括一行，这一行只包含一个整数，表示陶陶能够摘到的苹果数目。

样例输入

100 200 150 140 129 134 167 198 200 111
110

样例输出

5

> **注** 完成练习后，读者需要根据公众号提示进行作业提交，并检测所写的程序是否正确。

5.2 数组排序

期末考试结束后，因为学习了数组，你可以把全年级 2 000 名学生的数学成绩存储到一个数组中。现在学校老师又给你提出了一个新的要求，要求按照数学成绩，由低到高的顺序，输出成绩。

怎么办？这就是我们接下来要学到的数组排序。

5.2.1 排序程序范例

冒泡排序程序范例

程序需求： 输入 n（$n<=100$）个学生的成绩，按照从低到高的顺序输出。编写并运行以下程序。

```cpp
#include <iostream>

using namespace std;

double a[110];

int main()
{
    double temp;
    int n;

    cin >> n;
    for (int i = 1; i <= n; i++)
    {
        cin >> a[i];
    }

    for (int i = 1; i <= n-1; i++)
    {
        for (int j = 1; j <= n-i; j++)
        {
            if (a[j] > a[j+1])
            {
                temp = a[j];
                a[j] = a[j+1];
                a[j+1] = temp;
            }
```

```
        }
    }

    for (int i = 1; i <=n; i++)
    {
        cout << a[i] << " ";
    }

    return 0;
}
```

程序运行结果如图5-7所示。

程序解释

第一行中输入5表示接下来要输入5个数，第二行输入5个数   图 5-7

后，第三行这5个数就按照从小到大的顺序输出，这个程序的排序方式用到了

冒泡排序算法。接下来我们就学习一下冒泡排序和选择排序算法。

说明

数组下标虽然是从0开始，但是为了方便初学者理解，我们的程序中从

数组下标为1处开始使用。

5.2.2 数组排序的用法

1. 冒泡排序

冒泡排序的基本思想

（1）每次比较相邻的两个元素。

（2）如果它们的顺序错误就把它们交换位置。

冒泡排序程序实例详解

下面我们通过程序范例详细分解冒泡排序的执行过程。

范例程序中排序的数值：2 3 5 4 1。

初始顺序：2 3 5 4 1。

目标：按照从小到大的顺序输出。

第一轮

第一轮比较之前的顺序：2 3 5 4 1。

第一轮比较的目的：找到5个数中最大的那个，并让它排到最后面。

第一轮第1次比较：2和3比较，顺序没有错误，不用交换，结果是2 3 5 4 1。

第一轮第2次比较：3和5比较，顺序没有错误，不用交换，结果是2 3 5 4 1。

第一轮第3次比较：5和4比较，顺序错误，交换，结果是2 3 4 5 1。

第一轮第 4 次比较：5 和 1 比较，顺序错误，交换，结果是 2 3 4 1 5。

第一轮比较结果： 第一轮经过 4 次比较后，会发现最大的数 5 排在了最后面。由此，接下来我们只需要比较剩下的 4 个数。

第二轮

第二轮比较之前的顺序： 2 3 4 1 5。

第二轮比较的目的： 在剩下的 4 个数中，找到最大的数，并让它排到剩下的 4 个数中的最后面。

第二轮第 1 次比较：2 和 3 比较，顺序没有错误，不用交换，结果是 2 3 4 1 5。

第二轮第 2 次比较：3 和 4 比较，顺序没有错误，不用交换，结果是 2 3 4 1 5。

第二轮第 3 次比较：4 和 1 比较，顺序错误，交换，结果是 2 3 1 4 5。

第二轮比较结果： 第二轮经过 3 次比较后，第二大的数 4 排在了倒数第二位。由此，接下来我们只需要比较剩下的 3 个数。

第三轮

第三轮比较之前的顺序： 2 3 1 4 5。

第三轮比较的目的： 在剩下的 3 个数中，找到最大的数，并让它排到剩下的 3 个数的最后面。

第三轮第 1 次比较：2 和 3 比较，顺序没有错误，不用交换，结果是 2 3 1 4 5。

第三轮第 2 次比较：3 和 1 比较，顺序错误，交换，结果是 2 1 3 4 5。

第三轮比较结果： 第三轮经过 2 次比较后，第三大的数字 3 排在了倒数第三位。由此，接下来我们只需要比较剩下的 2 个数。

第四轮

第四轮比较之前的顺序： 2 1 3 4 5

第四轮比较的目的： 在剩下的 2 个数中，找到最大的数，并让它排到剩下的 2 个数的最后面。

第四轮第 1 次比较：2 和 1 比较，顺序错误，交换，结果是 1 2 3 4 5。

第四轮比较结果： 第四轮经过 1 次比较后，第四大的数字 2 排在了倒数第四位。所以这 5 个数，经过 4 轮比较后，就排出了从小到大的顺序 1 2 3 4 5。

在这个过程中，每轮的较大值就像水里的气泡一样，一个一个"冒出来"，就形象地称之为冒泡排序。

冒泡排序的特点： n 个数，经历 $n-1$ 轮的排序，每一轮进行两两比较，让该轮中的最大值（最小值）"冒"出来，这个过程用一个双重嵌套循环来实现。

冒泡排序程序实例及注释

```cpp
#include <iostream>

using namespace std;

double a[110];

int main()
{
   double temp;
   int n;

   cin >> n;//输入一个数n，表示接下来要输入n个数
   for (int i = 1; i <= n; i++)
   {
      cin >> a[i];//循环读入n个数到数组a中
   }
   //冒泡排序算法核心程序
   for (int i = 1; i <= n-1; i++)//n个数排序，一共进行n-1轮
   {
      for (int j = 1; j <= n-i; j++)//每轮比较n-i次
      //从第一个数开始两两进行比较，到"冒出"该轮中的最大值
      {
         if (a[j] > a[j+1])//比较大小并交换
         {
            temp = a[j];
            a[j] = a[j+1];
            a[j+1] = temp;
         }
      }
   }

   for (int i = 1; i <=n; i++)//输出排序后的结果
   {
      cout << a[i] << " ";
   }

   return 0;
}
```

冒泡排序的核心部分就是双重嵌套循环。

2. 选择排序

选择排序程序范例

程序需求：输入 n（$n<=100$）个学生的成绩，按照从低到高的顺序输出。

选择排序代码范例

```cpp
#include <iostream>

using namespace std;

double a[110];

int main()
{
    double temp;
    int n;

    cin >> n;
    for (int i = 1; i <= n; i++)
    {
        cin >> a[i];
    }

    for (int i = 1; i <= n-1; i++)
    {
        int k = i;
        for (int j = i+1; j <= n; j++)
        {
            if (a[j] < a[k])
            {
                k = j;
            }
        }
        if (k != i)
        {
            temp = a[k];
            a[k] = a[i];
            a[i] = temp;
        }
    }

    for (int i = 1; i <= n; i++)
    {
        cout << a[i] << " ";
    }

    return 0;
}
```

　　程序运行结果如图 5-8 所示。

图 5-8

程序解释

第一行中输入5表示接下来要输入5个数。第二行输入5个数后，第三行这5个数按照从小到大的顺序输出，这里采用了选择排序的算法。

选择排序基本思想

每一轮从待排序的数据元素中选出最小值的一个元素，顺序放在待排序数列的最前，直到待排序的数据元素全部排完。

选择排序实例程序详解

范例程序中排序的数值：2 3 5 4 1。

初始顺序：2 3 5 4 1。

目标：按照从小到大的顺序输出。

第一轮

第一轮比较之前的顺序： 2 3 5 4 1。

第一轮比较的目的： 找到最小值1，并将其排到第一位。

在第一轮中 k 的初始值为 i，i 从1开始循环，a[k]初始值就等于2。

第一轮第1次比较：2和3比较，因为2小于3，所以 k 的值不变，k 为1，a[k]等于2。

第一轮第2次比较：2和5比较，因为2小于5，所以 k 的值不变，k 为1，a[k]等于2。

第一轮第3次比较：2和4比较，因为2小于4，所以 k 的值不变，k 为1，a[k]等于2。

第一轮第4次比较：2和1比较，因为2大于1，所以 k 的值变为数组元素1对应的下标5，k 为5，a[k]等于1。

最后再把数组元素中2和1的位置交换，交换后的顺序是1 3 5 4 2。

第一轮比较结果： 第一轮经过4次比较后，会发现最小的数1排在了第一位。

第二轮

第二轮比较之前的顺序： 1 3 5 4 2。

第二轮比较的目的： 找到第二小的值，并将其排到第二位。

在第二轮中，外层循环进行第二轮循环，i 自加1，i 值由1变为了2，所以 k 初始值就变为2，a[k]初始值等于3。

第二轮第1次比较：3和5比较，因为3小于5，所以 k 的值不变，k 为2，a[k]=3。

第二轮第2次比较：3和4比较，因为3小于4，所以k的值不变，k为2，a[k]等于3。

第二轮第3次比较：3和2比较，因为3大于2，所以k的值变为数组元素2对应的下标5，k为5，a[k]等于2。

最后再把数组元素3和2的位置交换，交换后的顺序是：1 2 5 4 3。

第二轮比较结果： 第二轮经过3次比较后，会发现第二小的数2排在了第二位。

第三轮

第三轮比较之前的顺序： 1 2 5 4 3

第三轮比较的目的： 找到第三小的值，并将其排到第三位。

在第三轮中，外层循环进行第三轮循环，k初始值等于3，a[k]初始值等于5。

第三轮第1次比较：5和4比较，5大于4，所以k的值变为数组元素4对应的下标，k为4，a[k]等于4。

第三轮第2次比较：4和3比较，4大于3，所以k的值变为数组元素3对应的下标，k为5，a[k]等于3。

最后再把数组元素5和3的位置交换，交换后的顺序是：1 2 3 4 5。

第三轮比较结果： 第三轮经过两次比较后，会发现第三小的数3排在了第三位。

第四轮

第四轮比较之前的顺序： 1 2 3 4 5

第四轮比较的目的： 找到第四小的值，并将其排到第四位。

在第四轮中，外层循环进行第四轮循环，k初始值等于4，a[k]初始值等于4。

第四轮第1次比较：4和5比较，4小于5，所以k的值不变，k为4，a[k]等于4。

因为在这轮中k的值并没有发生变化，所以不用交换，经过这一轮后的顺序还是：1 2 3 4 5

所以这5个数，经过4轮比较后，就排出了从小到大的顺序。

选择排序的特点： 类似一个"打擂台"的过程，每一轮从待排序的数据中，通过"打擂台"比较选出最小元素，放在这些数据的最前面。通过中间值（例如k和a[k]）来记录每一轮中的最小值，并将其放到对应的位置。

选择排序程序实例及注释

```
#include <iostream>
```

```cpp
using namespace std;

double a[110];

int main()
{
    double temp;
    int n;

    cin >> n;//输入一个数n，表示接下来有n个数
    for (int i = 1; i <= n; i++)
    {
        cin >> a[i];//循环读入n个数到数组a中
    }
    //选择排序算法核心部分
    for (int i = 1; i <= n-1; i++)//n个数排序，只用进行n-1轮
    {
        int k = i;
        //从起始元素的后一个元素开始比较，直到最后一个元素
        for (int j = i+1; j <= n; j++)
        {
        //如果后一个元素比前一个元素小，就将较小元素的下标赋值给k
            if (a[j] < a[k])
            {
                k = j;
            }
        }
        if (k != i) //如果k的值发生变化就交换它们的元素
        {
            temp = a[k];
            a[k] = a[i];
            a[i] = temp;
        }
    }

    for (i = 1; i <=n; i++)//输出排序后的结果
    {
        cout << a[i] << " ";
    }

    return 0;
}
```

无论是冒泡排序还是选择排序，它们本质上都是通过数组中的元素比较和交换位置来实现的。

选择排序程序实例（写法2）

```cpp
#include <iostream>
```

```cpp
using namespace std;

double a[110];

int main()
{
    double temp;
    int n;

    cin >> n;
    for (int i = 1; i <= n; i++)
    {
        cin >> a[i];
    }

    for (int i = 1; i <= n-1; i++)
    {
        for (int j = i+1; j <= n; j++)
        {
            if (a[j] < a[i])
            {
                temp = a[i];
                a[i] = a[j];
                a[j] = temp;
            }
        }
    }

    for (int i = 1; i <= n; i++)
    {
        cout << a[i] << " ";
    }

    return 0;
}
```

在这个选择排序中，我们就是通过直接的 if 条件比较和交换位置的方式进行数据的交换处理。

5.2.3 编程实例讲解

1. 实例 1

ZZ1235：成绩排序

题目描述

输入 10 个学生的成绩，并将 10 个学生的成绩按由大到小的顺序排列。

10个整数表示10个学生的成绩（整数之间使用空格隔开）。

输出

按由大到小的顺序排列10个成绩。

样例输入

20 30 40 50 60 70 80 90 91 95

样例输出

95 91 90 80 70 60 50 40 30 20

编程思路： 将输入的10个数存放到一个数组中，再对数组中的元素进行排序。

程序代码及注释

```cpp
#include<iostream>

using namespace std;

int a[20]; //定义全局数组，用于存放输入的成绩

int main()
{
    int temp = 0, n = 10;

    for (int i = 1; i <= n; i++) //循环输入成绩到数组中
    {
        cin >> a[i];
    }

    //用冒泡排序的算法将输入到数组中的10个元素进行排序
    for (int i = 1; i <= n-1; i++) //冒泡程序的核心代码
    {
        for (int j = 1; j <= n-i; j++ )
        {
            if (a[j] < a[j+1])
            {
                temp = a[j];
                a[j] = a[j+1];
                a[j+1] = temp;
            }
        }
    }

    for (int i = 1; i <= n; i++ ) //循环输出排序好的元素
    {
```

```
        cout << a[i] << " ";
    }

    return 0;
}
```

程序运行结果如图5-9所示。

```
20 30 40 50 60 70 80 90 91 95
95 91 90 80 70 60 50 40 30 20
```

图 5-9

小提示　数组中的下标是从0开始，但是我们在使用的时候，为了方便，可以从下标1开始使用。例如在这个程序中，数组申请的空间是int a[20]，即有0～19，一共20个空间可供使用，输入10个成绩，我们就可以用1～10这些空间存储和处理处理。

2. 实例2

ZZ1041：求中位数

题目描述

对于 n 个数把它们高低排序后，正中间的就是这 n 个数的中位数。如果正中间的数有两个，则取这两个数的平均值作为中位数。

输入 n 个数（ $1 <= n <= 100\,000$ ），求这 n 个数的中位数。

输入

两行。

第1行，整数的个数 n（ $1 <= n <= 100\,000$ ）。

第2行，用空格隔开的 n 个整数。

输出

一行，这 n 个数的中位数（保留两位小数）。

样例输入

2
3 1

样例输出

2.00

编程思路：用选择排序算法将数组排序，排序后再选取中间的值输出。

程序代码及注释

```cpp
#include <iostream>
#include <cstdio>

using namespace std;

int a[100001];  //定义数组到全局变量中

int main()
{
    int n, temp, m;
    float k;

    cin >> n;  //输入n表示将要输入的整数的个数
    for (int i = 1; i <= n; i++)
    {
        cin >> a[i];//用循环输入n个整数并存储到数组中
    }

    //用选择排序的算法将数组中的元素进行排序
    for (int i = 1; i <= n - 1; i++)//用双重循环遍历数组进行排序
    {
        for (int j = i + 1; j <= n; j++)
        {
            if (a[j] > a[i])//如果后面的数比前面的大，就交换
            {
                temp = a[j];
                a[j] = a[i];
                a[i] = temp;
            }
        }
    }

    if (1 == n % 2)//如果n是奇数，则输出中间的值
    {
        m = (n + 1) / 2;
        k = a[m];
        printf("%.2f", k);
    }
    else //如果n是偶数，则输出中间两个数的平均数
    {
        m = n / 2;
        k = (a[m] + a[m+1]) / 2.0;
        printf("%.2f", k);
    }
    return 0;
}
```

程序运行结果如图5-10所示。

图 5-10

5.2.4 阶段性编程练习

1. 题目1

ZZ1051: 整数重组

题目描述

任意给定一个整数，把它重新组成一个最大值和一个最小值，求出两数的差。

例如：3721，可以重组成 7 321 和 1 237，两数之差为 7 321−1 237 = 6 084。

输入

x（整数 1 <= x <= 10 000 000）。

输出

最大值和最小值的差。

样例输入

102

样例输出

198

2. 题目2

ZZ1109: 图书管理员（NOIP2017PJT2）

题目描述

图书馆中每本书都有一个图书编码，可用于快速检索图书，这个图书编码是一个正整数。每位借书的读者手中有一个需求码，这个需求码也是一个正整数。如果一本书的图书编码恰好以读者的需求码结尾，那么这本书就是这位读者所需要的。

小D刚刚当上图书馆的管理员，她知道图书馆里所有书的图书编码。她请你帮忙写一个程序，求出每位读者所需要的书中图书编码最小的那本书，如果没有该读者需要的书，则输出−1。

输入

输入文件的第一行，包含两个正整数 n 和 q，以一个空格分开，分别代表图书馆里书的数量和读者的数量。

接下来的 n 行，每行包含一个正整数，代表图书馆里某本书的图书编码。

接下来的 q 行，每行包含两个正整数，以一个空格分开，第一个正整数代表图书馆里读者的需求码的长度，第二个正整数代表读者的需求码。

数据范围：$1 \leqslant n \leqslant 1000$，$1 \leqslant q \leqslant 1000$，所有的图书编码和需求码均不超过 10 000 000。

输出

输出文件有 q 行，每行包含一个整数。

如果存在第 i 个读者所需要的书，则在第 i 行输出第 i 个读者所需要的书中图书编码最小的那本书的图书编码，否则输出 -1。

样例输入

```
5 5
2123
1123
23
24
24
2 23
3 123
3 124
2 12
2 12
```

样例输出

```
23
1123
-1
-1
-1
```

注　完成练习后，读者需要根据公众号提示进行作业提交，检测所写的程序是否正确。

5.3　二维数组

既然可以定义一个整型的一维数组，那么是不是也可以定义一个数组的数组？如果一维数组的每一个元素又是一个一维数组，则称这种数组为二维数组。

5.3.1 二维数组程序范例

编写并运行以下程序。

```cpp
#include <iostream>
#include <cstdio>

using namespace std;

int main()
{
    int a[2][3];

    for (int i = 0; i < 2; i++)
    {
        for (int j = 0; j < 3; j++)
        {
            a[i][j] = i + j;
        }
    }

    for (int i = 0; i < 2; i++)
    {
        for (int j = 0; j < 3; j++)
        {
            cout << a[i][j] << " ";
        }
        cout << endl;
    }

    return 0;
}
```

程序运行结果如图5-11所示。

程序解释

图 5-11

程序定义了一个2行3列的二维数组，**int a[2][3]**，然后用双重for循环对二维数组的元素进行赋值，再用双重循环输出二维数组中的元素。

5.3.2 二维数组的用法

1. 二维数组的定义

变量类型 数组名[常量表达式1][常量表达式2]

一维数组是一个线性序列，二维数组是一个矩阵（行和列的一个表格）。

二维数组中常量表达式1代表行数，常量表达式2代表列数。二维数组可以看作一种特殊的一维数组。

例如 int a[10][5] 表示10行5列元素的整型二维数组a。

2.　二维数组的访问

定义一个5行4列的整型二维数组 int a[5][4]，我们应该怎样设置和获取二维数组中元素的值呢？

二维数组本质上是一维数组的每个元素又是一个一维数组，而计算机内部存储一维数组采用的是连续存储单元。所以，二维数组的存储方式是"行优先"的连续存储方式，先是第0行上的元素存储，再是第1行的元素，再是第2行……依此类推。

3.　二维数组的引用形式

数组名[行下标][列下标]

行下标：元素所在的行，从0开始编号。

列下标：元素所在的列，从0开始编号。

例如 int a[5][4] 二维数组中的元素表示5行4列，如图5-12所示。

a[0][0]	a[0][1]	a[0][2]	a[0][3]
a[1][0]	a[1][1]	a[1][2]	a[1][3]
a[2][0]	a[2][1]	a[2][2]	a[2][3]
a[3][0]	a[3][1]	a[3][2]	a[3][3]
a[4][0]	a[4][1]	a[4][2]	a[4][3]

图 5-12

注意　数组下标、行下标和列下标都是从0开始。

例如：

a[0][0] 表示第1行，第1列的元素；

a[2][1] 表示第3行，第2列的元素；

a[4][3] 表示第5行，第4列的元素。

4.　二维数组的初始化

二维数组的初始化和一维数组类似，可以将每一行分开写在各自的括号里，也可以把所有数据写在一个括号里。对二维数组进行初始化时，把每一行看成一个一维数组，每一行的初始值用大括号 { } 括起来。例如：

```
int a[2][3] = {{1, 2, 3}, {4, 5, 6}};//分行初始化，2行，每行3个值
int a[2][3] = {1, 2, 3, 4, 5, 6};//不分行初始化，建议不用
```

5.　多维数组

当定义的数组下标有多个时，我们称为多维数组。下标的个数并不局限于一个或两个，可以有任意多个，例如定义一个三维数组a和四维数组b。

```
int a[3][4][5];
int b[3][4][5][6];
```

多维数组的引用赋值等操作与二维数组类似。

6. 程序实例

```cpp
#include <iostream>
#include <cstdio>

using namespace std;

int main()
{
    int a[3][4] = {0};//将二维数组a的全部元素初始化为0
    int b[3][4] = {{1},{1}};//将二维数组b的第1行第1个元素和第2行第1个元素初始化为1
    int c[3][4] = {{1, 1, 1, 1},{2, 2, 2, 2}};//将二维数组c的第一行全部初始化为
1，第二行全部初始化为2

    cout << "二维数组a的元素: " << endl;
    for (int i = 0; i <= 2; i++)//3行4列下标从0开始
    {
        for (int j = 0; j <= 3; j++)
        {
            cout << a[i][j] << " ";
        }
        cout << endl;
    }

    cout << "二维数组b的元素: " << endl;
    for (int i = 0; i <= 2; i++)//3行4列下标从0开始
    {
        for (int j = 0; j <= 3; j++)
        {
            cout << b[i][j] << " ";
        }
        cout << endl;
    }

    cout << "二维数组c的元素: " << endl;
    for (int i = 0; i <= 2; i++)//3行4列下标从0开始
    {
        for (int j = 0; j <= 3; j++)
        {
            cout << c[i][j] << " ";
```

```
    }
    cout << endl;
  }

  return 0;
}
```

程序运行结果如图5-13所示。

图 5-13

5.3.3 编程实例讲解

1. 实例1

ZZ1057：求矩阵的对角线元素之和

题目描述

已知有一个4×4的矩阵，求该矩阵的两条对角线上的元素之和。

输入

4×4的矩阵。

输出

两条对角线上的元素之和。

样例输入

```
0 0 2 7
5 3 2 1
9 9 7 0
9 1 9 5
```

样例输出

```
15 27
```

编程思路： 定义一个二维数组保存矩阵上的值，再用循环累加出对角线

165

上所有值的和。

程序及注释

```cpp
#include <iostream>

using namespace std;

int a[4][4];//在全局变量中定义二维数组

int main()
{
    int sum1 = 0, sum2 = 0; //初始化两个求和的变量为0

    for (int i = 0; i <= 3; i++)//用双重循环输入二维数组中的值
    {
        for (int j = 0; j <= 3; j++)
        {
            cin >> a[i][j];
        }
    }

    for (int i = 0 ; i <= 3; i++)//循环累加对角线上的值
    {
        sum1 += a[i][i];
        sum2 += a[i][3 - i];
    }
    cout << sum1 << " " << sum2; //输出累加的和

    return 0;
}
```

程序运行结果如图 5-14 所示。

图 5-14

2. 实例 2

ZZ1308:求矩阵 $A+B$

题目描述

矩阵加法为两个 $M \times N$ 的矩阵的和,记为 $A+B$。两个矩阵求和后的矩阵仍是一个 $M \times N$ 的矩阵,其各个元素为矩阵 A 和矩阵 B 对应位置元素相加后的值。例如:

$$\begin{bmatrix} 1 & 3 \\ 1 & 0 \\ 1 & 2 \end{bmatrix} + \begin{bmatrix} 0 & 0 \\ 7 & 5 \\ 2 & 1 \end{bmatrix} = \begin{bmatrix} 1+0 & 3+0 \\ 1+7 & 0+5 \\ 1+2 & 2+1 \end{bmatrix} = \begin{bmatrix} 1 & 3 \\ 8 & 5 \\ 3 & 3 \end{bmatrix}$$

输入

第1行：m n（m表示矩阵的行数，n表示矩阵的列数，2<=m和n<=100）。
接下来的$2 \times m$行，每行有n个用空格隔开的整数（0<=每个整数<=1000）。
前面的m行表示矩阵A中的元素，后面的m行表示矩阵B中的元素。

输出

矩阵$A+B$的和。

样例输入

```
2 2
1 1
2 3
5 5
6 6
```

样例输出

```
6 6
8 9
```

编程思路： 定义两个二维数组，分别存储输入的两个矩阵的数据，然后把其中一个二维数组的元素加到另一个二维数组中。

程序及注释

```cpp
#include <iostream>

using namespace std;

int a[105][105]; //定义整型二维数组a
int b[105][105]; //定义整型二维数组b

int main()
{
    int m = 0, n = 0;

    cin >> m >> n; //输入矩阵的行数和列数
    for (int i = 0; i < m; i++) //用嵌套循环输入数组a的元素
    {
        for (int j = 0; j < n; j++ )
        {
            cin >> a[i][j];
        }
    }
```

```cpp
    for ( int i = 0; i < m; i++) //用嵌套循环输入数组b的元素
    {
        for ( int j = 0; j < n; j++ )
        {
            cin >> b[i][j];
        }
    }

    //用嵌套循环将数组b的元素加到数组a中
    for (int i = 0; i < m; i++)
    {
        for (int j = 0; j < n; j++ )
        {
            a[i][j] += b[i][j];
        }
    }

    for (int i = 0; i < m; i++) //输出相加后数组a的元素
    {
        for (int j = 0; j < n; j++ )
        {
            cout << a[i][j] << " ";
        }
        cout << endl;
    }

    return 0;
}
```

程序运行结果如图 5-15 所示。

图 5-15

5.3.4　阶段性编程练习

1. 题目1

ZZ1063：求元素在矩阵中的位置

题目描述

有一个 3×3 的矩阵，求指定元素在矩阵中的位置（矩阵中的元素两两不相同），如果矩阵中不存在该元素则输出 -1 -1。

输入

第1行，要查找的元素。

接下来3行是一个3×3的矩阵。

输出

元素在矩阵的位置（行在前，列在后，从0开始编号）。如果矩阵中不存在该元素则输出 -1 -1。

样例输入

```
2
1 4 7
2 5 8
3 6 9
```

样例输出

```
1 0
```

2. 题目2

ZZ1058：求矩阵的最大元素

题目描述

求一个 m 行 n 列的矩阵的最大元素。

输入

$m+1$ 行。

第1行：m n（m 表示矩阵的行，n 表示矩阵的列 $1 <= m$ 和 $n <= 100$）。

接下来的 m 行为矩阵每行的元素。

输出

矩阵中最大的元素。

样例输入

```
2 3
1 3 2
2 5 1
```

样例输出

```
5
```

注 完成练习后，读者需要根据公众号提示进行作业提交，检测所写的程序是否正确。

5.4　第 5 章编程作业

1. 作业 1

ZZ1397：约瑟夫问题

题目描述

n 个人（ $n<=100$ ）围成一圈，从第一个人开始报数，数到 m 的人出列，再由下一个人重新从 1 开始报数，数到 m 的人再出列，依此类推，直到所有的人都出列，请输出依次出列人的编号。

输入

$n\ m$ （ $1\leqslant m$ 和 $n\leqslant 100$ ）。

输出

出列的编号。

样例输入

10 3

样例输出

3 6 9 2 7 1 8 5 10 4

2. 作业 2

ZZ1453：成绩统计

题目描述

现有 n 个学生的成绩（最多不超过 120），请统计分数大于平均分的总人数。

输入

第 1 行：整数 n，表示学生的人数（ $1<=n<=1000$ ）。

第 2 行：n 个被空格隔开的整数表示 n 个学生的成绩（ $0<=$ 每个学生的成绩 $<=120$ ）。

输出

成绩大于平均分的总人数。

样例输入

5
70 60 90 65 85

样例输出

2

3. 作业 3

ZZ1466：公交换乘站

题目描述

重庆的 A 路公交经过 m 个站点，B 路公交经过 n 个站点。所有站点使用 1、2、3……编号。求出 A、B 两路公交可以在哪些站点实现换乘？

输入

共 3 行

第 1 行：m n（$1 \leqslant m$ 和 $n \leqslant 200$）。

第 2 行：m 个使用空格隔开的整数，表示 A 路公交经过的站点。

第 3 行：n 个使用空格隔开的整数，表示 B 路公交经过的站点。

站点的编号不超过 200。

输出

A、B 两路公交可换乘的站点编号，按由小到大的顺序输出；如果不存在可换乘的站点，则输出 −1。

样例输入

```
3 5
9 8 7
6 2 5 7 8
```

样例输出

```
7 8
```

4. 作业 4

ZZ1059：求矩阵的转置

题目描述

二维矩阵的转置，将给定的一个二维数组（3×3）转置，即行列互换。

输入

一个 3×3 的矩阵。

输出

转置后的矩阵。

样例输入

```
1 2 3
4 5 6
7 8 9
```

```
1 4 7
2 5 8
3 6 9
```

5. 作业 5

ZZ1060：寻找鞍点

题目描述

求一个 5×5 的矩阵的鞍点。鞍点指的是矩阵中的一个元素，它是所在行的最大值，并且是所在列的最小值。例如：在下面的例子中（第 3 行第 0 列的元素就是鞍点，值为 8 ）。

11 3 5 6 9

12 4 7 8 10

10 5 6 9 11

8 6 4 7 2

15 10 11 20 25

输入

输入包含一个 5 行 5 列的矩阵。

输出

如果存在鞍点，输出鞍点所在的行、列及其值（题目中每个输入都只有一个鞍点）。如果不存在鞍点，则输出 not found。

样例输入

```
11 3 5 6 9
12 4 7 8 10
10 5 6 9 11
8 6 4 7 2
15 10 11 20 25
```

样例输出

```
3 0 8
```

6. 作业 6

ZZ1054：杨辉三角形

题目描述

杨辉三角形，又称贾宪三角形、帕斯卡三角形，是二项式系数在三角形中的一种几何排列。杨辉三角形同时对应于二项式定理的系数。n 次的二项式系数对应杨辉三角形的 $n+1$ 行。

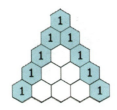

输入

n（杨辉三角形的行数，$1 <= n <= 20$）。

输出

行数为 n 的杨辉三角形（数字与数字间使用空格隔开）。

样例输入

```
3
```

样例输出

```
  1
 1 1
1 2 1
```

注 完成作业后，读者需要根据公众号提示进行作业提交，检测所写的程序是否正确。

第6章
字符串

字符串是由一个或多个字符组成的序列。例如，人的名字、城市的名字等，大多都不是单字符类型（char）。程序中除了对单个字符的操作，经常也需要对如"apple""Beijing"这种多个字符进行操作。接下来我们就学习程序中怎么使用字符串。

对字符串的操作可以用字符数组或string类进行处理。

6.1 字符串程序范例

编写并运行以下程序。

```cpp
#include <iostream>
#include <string>

using namespace std;

int main()
{
    string str;
```

```
cin >> str;
cout << str;

return 0;
}
```

程序运行结果如图6-1所示。

程序解释

程序定义了一个string类，用来存储输入的多个字符。用cin和cout
进行输入输出。

图 6-1

6.2 字符串的用法

在学习字符串之前，我们先学习字符的操作。

6.2.1 字符的操作

1. 字符操作程序范例

编写并运行以下程序。

```
#include <iostream>
#include <cstdio>

using namespace std;

int main()
{
    char ch;

    ch = getchar();//用getchar()获取用户输入的字符
    putchar(ch); //用putchar(ch)输出该字符

    return 0;
}
```

程序运行结果如图6-2所示。

程序解释：这个程序用getchar()获取用户输入的字符，用putchar(ch)
输出该字符。

图 6-2

2. 字符操作的用法

字符类型是由一个字符组成的字符常量或者字符变量（char）。字符类型
是一个有序类型，字符的大小顺序按其ASCII码的大小而定。

关于单个字符的输入与输出，我们学过scanf和printf，以及cin和cout，
现在我们学习使用新的字符输入与输出语句：getchar()和putchar()。

（1）getchar()和 putchar()用法

① getchar()

获取用户输入的字符，例如程序范例中的 ch = getchar()。

② putchar()

输出字符（其参数可以是变量、字符、ASCII 码），例如程序范例中的 putchar(ch)。

（2）getchar()和 scanf()的区别

① getchar()在读入字符时，会依次读取输入的任意字符（包括空格或换行）。

② scanf()在读入字符时，若%c 之间有空格，则不会读入空格或换行，会将空格或换行作为字符间的分隔符。

3. 转义字符

在程序设计中，有些字符需要表示除它本身以外的其他特殊含义，这时就需要在该字符前面添加"\"将该字符转义，就称为转义字符，例如我们之前学到的"\n"就表示换行。

常用转义字符如表 6-1 所示。

表 6-1

转义字符	含义
\n	换行
\t	水平制表
\b	退格
\r	回车（不换行）
\0	空字符
\'	单引号
\''	双引号
\\	一个反斜杠字符
\ddd	1～3 位八进制数所代表的字符
\xhh	1～2 位十六进制数所代表的字符

4. 程序实例

（1）程序实例 1

```
#include <iostream>
#include <cstdio>

using namespace std;
```

```
int main()
{
    char ch = 'A';

    putchar(ch); //使用变量作为putchar的参数
    putchar('B'); //使用字符作为putchar的参数
    putchar(97); //使用ASCII作为putchar的参数

    return 0;
}
```

　　程序运行结果如图6-3所示。

　　（2）程序实例2

图 6-3

```
#include <iostream>
#include <cstdio>

using namespace std;

int main()
{
    char ch1, ch2;

    scanf("%c %c", &ch1, &ch2);//输入两个字符，用空格隔开
    printf("%d %d", ch1, ch2); //输出两个字符对应的ASCII码，用空格隔开

    return 0;
}
```

程序运行

　　输入：A B（中间用空格隔开）。

　　输出：65 66。

　　程序运行结果如图6-4所示。

　　（3）程序实例3

图 6-4

```
#include <iostream>
#include <cstdio>

using namespace std;

int main()
{
    char ch1, ch2;

    ch1 = getchar();//输入一个字符
    ch2 = getchar();//输入一个字符
    printf("%d %d", ch1, ch2); //输出两个字符对应的ASCII码，用空格隔开
```

```
    return 0;
}
```

程序运行

输入：A B（中间用空格隔开）。

输出：65 32。

程序运行结果如图6-5所示。

图 6-5

程序解释

因为输入的是"A""空格""B"，程序中 ch2 = getchar() 会把空格读入到ch2中，所以ch2输出的结果就是"空格"对应的ASCII码值32。

5. 阶段性编程练习

ZZ1101：判断并转换字符

题目描述

请判断输入的字符

（1）如果是大写的英文字母，则转换为小写并输出。

（2）如果是小写的英文字母，则转换为大写并输出。

（3）如果是其他字符，则保持不变并输出。

输入

一个字符。

输出

转换后的字符。

样例输入

B

样例输出

b

> **注** 完成练习后，读者需要根据公众号提示进行作业提交，检测所写的程序是否正确。

6.2.2 字符数组

字符数组是指元素为字符的数组，字符数组中的每个元素存放一个字符。

1. 字符数组的定义与初始化

（1）字符数组的定义

字符数组具有数组的共同属性，其定义类似，所不同的是数组类型是字符型（char）。

例如：

```
char name[10]; //name是一个有10个字符元素的一维字符数组
char data[3][5]; //data是一个有15个字符元素的二维字符数组
```

（2）字符数组的初始化

字符数组可以存放一个或多个字符，也可以存放字符串。两者的区别是字符串有一个结束符（'\0'）。即在字符数组中，如果有结束符（'\0'），就称为字符串。

字符数组常用的初始化方式有用字符初始化和用字符串初始化两种。

> **注意** 字符用单引号（''），字符串用双引号（""）。

① 用字符初始化数组

在用字符初始化数组的过程中，初始值表中的每个数据项是一个字符，用字符给数组的各个元素初始化。当初始值个数少于元素个数时，从首元素开始赋值，剩余的元素默认为空字符。

例如：

```
char chr[10] = {'a', 'p', 'p', 'l', 'e'};
```

也可以给字符数组中的各个元素逐一赋值。

例如：

```
char chr[10];
chr[0] = 'a', chr[1] = 'p', chr[2] = 'p';
chr[3] = 'l', chr[4] = 'e';
```

② 用字符串初始化数组

用字符串初始化数组有两种形式，一种是用字符初始化的方式并加一个结束符（'\0'），另一种形式是直接用双引号赋值。

例1

```
char chr1[10] = {'a', 'p', 'p', 'l', 'e', '\0'};
```

在字符数组中存放了结束符（'\0'），那么数组chr1中存放的就是字符串"apple"。

例 2

```
char chr2[10] = "apple";
```

直接用一个字符串初始化一个一维数组，这种方式会在字符数组中自动添加一个结束符（'\0'），所以数组的容量至少要比存储字符串中的字符数多 1。例如 chr2[10]，虽然定义了 10 个存储空间，但实际上最多只能存储 9 个字符，剩下的一个空间要留给结束符（'\0'）。

数组由连续的存储单元组成，字符串中的字符被存储在相邻的存储单元中，每个单元存储一个字符，如表 6-2 所示。

表 6-2

a	p	p	l	e	\0

注意，数组中字符串末尾的'\0'是字符串结束符，它会告知程序当处理字符串时，如果遇到字符串结束符（'\0'），就表示处理结束，不需要再输出了。可以把它理解成一个字符串的"结束标志"。

如果是二维字符数组，可存储若干个字符串。

例 3

```
char chr3[3][4] = {"abc", "xyz", "123"};
```

数组 chr3 可存储 3 个字符串，每个字符串的长度不能超过 3。

例 4

```
char chr4[] = {"What's your name?"};
```

使用这种方式，字符数组 chr4 会自动分配大小，并加上结束符（'\0'）。

字符串结束符（'\0'）的特点

对于每个存储字符串的字符数组，末尾都有一个特殊的结束标记（'\0'）。这个结束标记（'\0'）会占用一个字符的位置。

'\0'的 ASCII 码为 0，所以 0 等同于'\0'。当程序读到字符串结束符'\0'的时候就会停止读入后面的字符串。

（3）程序实例

```
#include <iostream>
#include <cstdio>

using namespace std;

int main()
```

```
{
    //定义字符数组name1，并初始化为"abc"，并初始字符串的长度不超过9
    char name1[10] = "abc";

    //定义字符数组name2，并初始化为"abc"
    char name2[10] = {'a', 'b', 'c'};

    //定义字符数组name3，并初始化为"abc"，编译器会根据初始字符串的长度自动分配
对应大小的存储空间
    char name3[] = "abc";

    //定义字符数组name4，数组所有的空间都被初始化为0
    char name4[10] = {0};


    cout << "name1=" << name1 << endl;
    cout << "name2=" << name2 << endl;
    cout << "name3=" << name3 << endl;
    cout << "name4=" << name4 << endl;

    return 0;
}
```

程序运行结果如图6-6所示。

图 6-6

6.2.3 字符串的输入和输出

字符串可以作为一维数组来处理，字符串的输入和输出也可以按照数组元素来处理。但是字符串有自己的特性，每个字符串都有一个特殊的结束符（'\0'），所以也无须像整型数组那样通过循环输入/输出字符串。接下来我们就学习将字符串作为一个整体进行输入/输出的方式。

1. cin 和 cout

使用cin和cout进行字符串输入/输出的一般格式：

```
cin >> 字符串名称;
cout << 字符串名称;
```

程序实例

```
#include <iostream>
#include <cstdio>

using namespace std;

int main()
```

```cpp
{
    char name[10] = {0};

    cin >> name;
    cout << name;

    return 0;
}
```

程序运行结果如图6-7所示。

图 6-7

2. scanf() 和 printf()

使用 scanf() 和 printf() 进行字符串输入/输出的一般格式：

```
scanf( "%s", 字符串名称) ;
printf( "%s", 字符串名称) ;
```

小提示 （1）输入时字符串名称前不加取址符（&）。

（2）输入字符串常量后，系统会自动在后面加"\0"标志。

（3）当输入多个字符串时，以空格隔开。

程序实例

```cpp
#include <iostream>
#include <cstdio>

using namespace std;

int main()
{
    char name[10] = {0};

    scanf("%s", name);
    printf("%s", name);

    return 0;
}
```

程序运行结果如图6-8所示。

图 6-8

注意 字符串的格式控制符是%s，输入的时候也不需要取址符&。

3. fgets() 和 gets()

使用cin和scanf()进行输入时，如果字符串中包含空格，则只能保存空格之前的字符串。如果需要输入保存带有空格的字符串，可以使用fgets()或gets()函数。

因为gets()函数容易引起内存泄漏，所以现在已经被禁止使用，在此不再做介绍。

使用fgets()函数进行字符串输入的一般格式：

fgets(字符数组名，读取字符串的长度，stdin)；

stdin表示从标准输入流 stdin 中读取数据。

程序实例

```cpp
#include <iostream>
#include <cstdio>

using namespace std;

int main()
{
    char str[100];
    fgets(str, 100, stdin);
    cout << str;

    return 0;
}
```

程序运行结果如图6-9所示（输入的字符串中可以加空格）。

图 6-9

注意 fgets()遇到换行时，会将换行符一并读取到当前字符串，所以输出结果里会自动换行。

4. 总结

（1）cin、scanf和fgets的区别

① cin和scanf以空格或换行区分输入的字符串，当输入的字符串带有空格时，则无法使用cin、scanf()成功输入。

程序实例

```cpp
#include <iostream>

using namespace std;

int main()
{
    const int N = 20;
    char a[N];
    char b[N];

    cout << "请输入字符串a:\n";
```

```
cin >> a;
cout << "请输入字符串b:\n";
cin >> b;
cout << "字符串a是: " << a << endl;
cout << "字符串b是: " << b << endl;

return 0;
}
```

程序运行结果如图6-10所示。

程序解释

程序在用cin输入字符串a的时候，输入了"aaa bbb"，中间包含了一个空格。所以字符数组a只存储了空格之前的内容，空格之后的内容存储到了字符数组b中。在使用cin和scanf()进行输入的时候，字符串无法保存带有空格的内容。例如，程序中的字符串a就无法保存输入的"aaa bbb"字符串，只保存了空格之前的"aaa"。

图 6-10

② fgets以换行区分输入的字符串，使用fgets可以输入带有空格的字符串。

程序实例

```
#include <iostream>

using namespace std;

int main()
{
    const int N = 100;
    char a[N];
    char b[N];

    cout << "请输入字符串a:\n";
    fgets(a, 100, stdin);
    cout << "请输入字符串b:\n";
    fgets(b, 100, stdin);
    cout << "字符串a是: " << a;
    cout << "字符串b是: " << b;

    return 0;
}
```

程序运行结果如图6-11所示。

程序解释

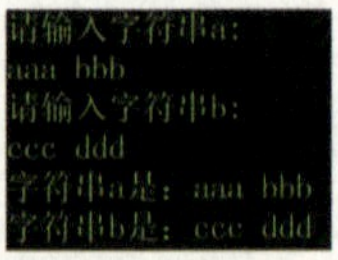

在使用fgets()输入字符串a的时候，输入了"aaa bbb"。在输入字符串b的时候，输入了"ccc ddd"。虽然都带有空格，但仍然将带有空格的字符串输入到了各自的字符数组中。

图 6-11

所以，若输入的字符串中包含空格，则需要使用fgets输入。

（2）cout、printf和puts的区别

puts在输出字符串时，会自动添加换行。

使用puts()进行字符串输入输出的一般格式：

```
puts(字符串名称);
```

程序实例1

```cpp
#include <iostream>
#include <cstdio>

using namespace std;

int main()
{
    char name[10] = {0};

    scanf("%s", name); //输入abc bcd
    printf("%s", name); //只输出abc

    return 0;
}
```

程序运行结果如图6-12所示。

图6-12

程序实例2

```cpp
#include <iostream>
#include <cstdio>
#include <cstring>

using namespace std;

int main()
{
    char name[10] = {0};

    cin >> name; //输入abc
    puts(name); //输出abc时会自动换行

    return 0;
}
```

程序运行结果如图6-13所示。

图6-13

6.2.4 字符串结束符 '\0'

1. 编程技巧程序实例 1

编写并运行以下程序。

```cpp
#include <iostream>
#include <cstdio>
#include <cstring>

using namespace std;

int main()
{
    char str[10] = "abcde";

    puts(str);
    str[3] = '\0';
    puts(str);
    str[1] = '\0';
    puts(str);

    return 0;
}
```

程序运行结果如图6-14所示。

图 6-14

> 小技巧 运用字符串结束符 '\0'，截断字符串。

2. 编程技巧程序实例 2

编写并运行以下程序。

```cpp
#include <iostream>
#include <cstdio>
#include <cstring>

using namespace std;

int main()
{
    char str[10] = "abcde";

    for (int i = 0; str[i] != '\0'; i++)
    {
        str[i] = str[i] - ('a' - 'A');//小写字母转大写字母
    }
    puts(str);

    return 0;
}
```

程序运行结果如图6-15所示。

ABCDE

图 6-15

小技巧　在循环中可以使用 '\0' 判断字符串遍历结束。

3. 编程技巧程序实例3

编写并运行以下程序。

```cpp
#include <iostream>
#include <cstdio>
#include <cstring>

using namespace std;

int main()
{
    char str[10] = "abcde";//定义字符数组str并初始化值

    puts(str); //输出str
    str[3] = 0; //将str中的第4个元素赋值为0
    puts(str); //重新输出str
    str[1] = 0; //将str中的第2个元素赋值为0
    puts(str); //再次输出str

    return 0;
}
```

程序运行结果如图6-16所示。

小技巧　因为 '\0' 的ASCII码为0，所以0等同于'\0'。

图 6-16

4. 编程技巧程序实例4

编写并运行以下程序。

```cpp
#include <iostream>
#include <cstdio>
#include <cstring>

using namespace std;

char str[200];

int main()
{
    fgets(str, 200, stdin);
    int count = 0;

    for (int i = 0; str[i]; i++)//循环遍历字符数组中的元素，注意结束条件是用的
str[i]
```

```
    {
        if (str[i] >= 'A' && str[i] <= 'Z') //统计字符数组中大写字母的个数
        {
            count++;
        }
    }
    cout << count;

    return 0;
}
```

程序运行结果如图6-17所示。

图 6-17

小技巧 将字符数组初始化为0，因为'\0'的ASCII码为0，0等同于'\0'，可以作为循环结束判断条件。

6.2.5　字符串常用函数

1. strlen()函数

strlen()能够获取字符串的长度，格式如下：

strlen(字符串名)

获取字符串的实际长度（不包含结束符'\0'）。

在使用字符串函数时需要加上头文件cstring。

strlen()程序实例

```
#include <iostream>
#include <cstdio>
#include <cstring>

using namespace std;

int main()
{
    char str[10] = "abcde";

    int len = strlen(str); //用strlen()函数求字符串的长度
    cout << len;

    return 0;
}
```

程序运行结果如图6-18所示。

图 6-18

2. strcmp()函数

字符串比较函数strcmp()的格式如下：

strcmp(字符串名1，字符串名2)

strcmp()字符串比较规则。

（1）比较每个位置上字符的ASCII码值。

（2）遇到字符不相等或其中一个字符串的结束符'\0'，则比较结束。

strcmp函数可以根据比较的结果返回不同的值，例如，strcmp(a, b)用于比较字符串a和字符串b：

- 若a>b，返回值大于0；
- 若a<b，返回值小于0；
- 若a==b，返回值等于0。

strcmp()程序实例

```cpp
#include <iostream>
#include <cstdio>
#include <cstring>

using namespace std;

int main()
{
    char str1[10] = "abc";
    char str2[10] = "abd";

    int ret = strcmp(str1,str2); //用strcmp()函数比较str1和str2
    cout << ret; //字符串str1小于str2,所以其返回值小于0

    return 0;
}
```

程序运行结果如图6-19所示。

图 6-19

3. strncmp() 函数

字符串比较strncmp()函数比较n个字符，格式如下：

strncmp(字符串名1，字符串名2，长度n)

字符串1和字符串2的前n个字符进行比较，函数返回值的情况和strcmp函数相同。

例如

strncmp(a, b, n)比较字符串a和b从位置0开始的n个字符：

- 若a>b，返回值大于0；
- 若a<b，返回值小于0；
- 若a==b，返回值等于0。

strncmp() 程序实例

```cpp
#include <iostream>
#include <cstdio>
#include <cstring>

using namespace std;

int main()
{
    char str1[10] = "abc";
    char str2[10] = "abcde";

    int ret = strncmp(str1,str2,strlen(str1)); //用strncmp()函数比较str1和str2
两个字符串中从位置0开始到str1长度的字符串
    cout << ret;

    return 0;
}
```

程序运行结果如图6-20所示。

图 6-20

4. strcpy() 函数

字符串复制函数 strcpy() 的格式如下:

strcpy(字符串名1，字符串名2)

将字符串2复制到字符串1，返回字符串1的值。

例如，strcpy(s1, s2)将字符串s2的内容拷贝到s1指向的存储空间（包括结束符 '\0'）。

strcpy() 程序实例 1

```cpp
#include <iostream>
#include <cstdio>
#include <cstring>

using namespace std;

int main()
{
    char s1[10] = "abc";
    char s2[10] = "ABCDE";

    strcpy(s1, s2); //用strcpy()函数将字符串s2的内容拷贝到s1中
    puts(s1); //输出拷贝后s1的内容

    return 0;
}
```

程序运行结果如图6-21所示。

strcpy()程序实例2

图 6-21

```cpp
#include <iostream>
#include <cstdio>
#include <cstring>

using namespace std;

int main()
{
    char s1[10] = "abc";
    char s2[10] = "ABCDE";

    strcpy(s1 + 2, s2); //用strcpy()函数将s2的内容拷贝到s1中第2个字符之后的空间里
    puts(s1); //输出拷贝后s1的值

    return 0;
}
```

程序运行结果如图6-22所示。

图 6-22

5. strncpy() 函数

字符串复制函数strncpy()的格式如下：

strncpy(字符串名1, 字符串名2, 长度n)

将字符串2的前*n*个字符复制到字符串1，并返回字符串1的值。

例如，strncpy(s1, s2, n)拷贝 s2 从位置0开始的*n*个字符到s1指向的存储空间（不包括结束符 '\0'）。

strncpy()程序实例

```cpp
#include <iostream>
#include <cstdio>
#include <cstring>

using namespace std;

int main()
{
    char s1[10] = "abc";
    char s2[10] = "ABCDE";

    strncpy(s1 + 2, s2, 2); //用strncpy()函数将s2中的前两个字符拷贝到s1中第2个
    字符之后的位置
    puts(s1); //输出拷贝后s1的值

    return 0;
}
```

程序运行结果如图 6-23 所示。

6. strcat() 函数

字符串连接函数 strcat() 的格式如下：

图 6-23

---

strcat(字符串名1，字符串名2)

将字符串 2 连接到字符串 1 后，返回字符串 1 的值。

例如，strcat(s1, s2) 将 s2 连接到 s1 的末尾（确保 s1 指向的存储空间足以存储连接后的字符串）。

strcat() 程序实例

```cpp
#include <iostream>
#include <cstdio>
#include <cstring>

using namespace std;

int main()
{
    char s1[20] = "abc";
    char s2[20] = "ABCDE";

    strcat(s1, s2); //用strcat()函数将s2的内容连接到s1的末尾中
    puts(s1); //输出连接后s1的值

    return 0;
}
```

程序运行结果如图 6-24 所示。

7. strncat() 函数

字符串连接函数 strncat 的格式如下：

图 6-24

---

strncat（字符串名1，字符串名2，长度n）

将字符串 2 前 n 个字符连接到字符串 1 后，返回字符串 1 的值。

strncat() 程序实例

```cpp
#include <iostream>
#include <cstdio>
#include <cstring>

using namespace std;

int main()
{
    char s1[20] = "abc";
```

```cpp
char s2[20] = "ABCDE";

strncat(s1, s2, 3); //将s2的前3个字符连接到s1后
puts(s1); //输出连接后s1的值

return 0;
}
```

程序运行结果如图6-25所示。

abcABC

图 6-25

6.2.6　string 类

除了用字符数组来存储字符串，还可以用C++ string类来进行字符串的处理。

1. string 类的用法

要使用string类，必须在程序中包含头文件string。string类的定义隐藏了字符串的数组性质，让我们能像处理普通变量那样处理字符串。

程序实例1

```cpp
#include <iostream>
#include <string> //使用string类. 需包含头文件string

using namespace std;

int main()
{
    char ch1[20]; //创建一个空的字符数组
    char ch2[20] = "ABCDE"; //创建一个字符数组并初始化为ABCDE
    string str1; //创建一个空的string对象
    string str2 = "abcde"; //创建一个string对象并初始化为abcde

    cin >> ch1; //输入字符数组ch1的值
    cin >> str1; //输入string对象str1的值
    cout << ch1 << endl; //输出ch1
    cout << str1 << endl; //输出str1
    //输出字符数组ch2的值. 并指定输出ch2中的第4个字符
    cout << ch2 << " " << ch2[3] << endl;
    //输出string对象str2的值. 并指定输出str2中的第4个字符
    cout << str2 << " " << str2[3] << endl;

    return 0;
}
```

程序运行结果如图6-26所示。

总结　（1）string 对象可以和字符数组一样直接初始化。

（2）可以使用 cin 将输入的值存储到 string 对象中。

（3）可以使用 cout 来显示 string 对象。

（4）可以使用数组表示法来访问存储在 string 对象中的字符。

AAA
BBB
AAA
BBB
ABCDE D
abcde d

图 6-26

程序实例2

```cpp
#include <iostream>
#include <string>

using namespace std;

int main()
{
    string s1 = "ABC"; //创建一个string对象并初始化为ABC
    string s2, s3; //创建两个string对象s2和s3

    s2 = s1; //将string对象s1的内容赋值给s2
    cout << s2 << endl; //输出s2的值
    s2 = "abc"; //将字符串abc赋值给s2
    cout << s2 << endl; //重新输出赋值后s2的值
    s3 = s1 + s2; //将s1和s2的内容合并起来附加到string对象的末尾
    cout << s3 << endl; //输出s3的值
    s2 += s1; //将s1的值附加到s2的末尾
    cout << s2 << endl; //输出s2的值

    return 0;
}
```

程序运行结果如图6-27所示。

图6-27

总结　string对象可以直接进行字符串赋值和合并操作，并可以使用运算符 += 将字符串附加到 string 对象的末尾。

2. string 类的常用函数

（1）getline()函数

使用cin给string对象赋值，如果遇到空格，那么空格和空格之后的内容就不能进行赋值操作，这时候我们就需要使用getline()函数进行输入。

cin输入程序实例

```cpp
#include <iostream>
#include <string>

using namespace std;

int main()
{
    string str;

    cin >> str;
    cout << str;
```

```
    return 0;
}
```

程序运行结果如图6-28所示。

图 6-28

程序解释：输入"abc 123"，因为中间有一个"空格"，所以当cin进行读入操作的时候，空格以及空格之后的内容就不会被赋值到string对象中。

getline()输入程序实例

```
#include <iostream>
#include <string>

using namespace std;

int main()
{
    string str;

    getline(cin, str);
    cout << str;

    return 0;
}
```

程序运行结果如图6-29所示。

图 6-29

程序解释：输入"abc 123"，因为使用的是getline()进行输入，所以空格以及空格之后的内容都会被赋值到string对象中。

（2）size()函数

使用size()函数可以求出string对象的长度。

size()函数程序实例

```
#include <iostream>
#include <string>

using namespace std;

int main()
{
    string str;
    getline(cin, str);
    int len = str.size();
```

```
    cout << len;

    return 0;
}
```

程序运行结果如图6-30所示。

图 6-30

程序解释：输入字符串"abc 123"，使用size()函数求出该字符串的长度后保存到变量len中。

（3）substr () 函数

使用substr() 函数可以对string对象进行截取操作。

substr () 函数程序实例

```
#include <iostream>
#include <string>

using namespace std;

int main()
{
    string s1;
    string s2 = "abcde";

    //截取字符串s2中从下标0开始的长度为3的字符串
    s1 = s2.substr(0, 3);// 两个参数分别代表起始位置和截取长度
    cout << s1 << endl;

    //截取字符串s2中从下标3开始至末尾的字符串
    s1 = s2.substr(3);// 一个参数表示截取的起始位置
    cout << s1 << endl;

    s1 = s2.substr();//没有参数表示截取整个字符串
    cout << s1 << endl;

    return 0;
}
```

程序运行结果如图6-31所示。

图 6-31

程序解释： 程序中string s2初始化为字符串"abcde"，第一个substr()函数截取了从a到c的三个字符到s1中，第二个substr()函数截取了从d到末尾的字符到s1中，第三个substr()函数截取了整个字符串到s1中。

3. string类和字符数组对比

程序实例

```cpp
#include <iostream>
#include <string>
#include <cstring>

using namespace std;

int main()
{
    char c1[30];
    char c2[30] = "c2c2";
    char c3[30] = "c3c3";
    string s1;
    string s2 = "s2s2";
    string s3 = "s3s3";

    //字符串复制对比
    strcpy(c1, c2);
    s1 = s2;

    //字符串连接对比
    strcat(c1, c3);
    s1 += s3;

    cout << "c1=" << c1 << endl;
    cout << "s1=" << s1 << endl;

    //求字符串的长度对比
    int len1 = strlen(c1);
    int len2 = s1.size();//通过size()函数求字符串长度
    int len3 = s1.length();//通过length()函数求字符串长度
    cout << "len1=" << len1 << endl;
    cout << "len2=" << len1 << endl;
    cout << "len3=" << len1 << endl;

    //循环处理字符串对比
    for (int i = 0; i < len1; i++)
    {
        cout << c1[i] << " ";
    }
    cout << endl;

    for (int i = 0; i < len2; i++)
    {
        cout << s1[i] << " ";
    }
```

```
        return 0;
}
```

程序运行结果如图6-32所示。

图 6-32

总结　对字符串的处理可以用字符数组和string类两种方式，但在实际的做题过程中，建议优先选用string类进行处理，因为string类的使用比起字符数组更加方便简洁。

6.3　编程实例讲解

1. 实例1

ZZ1024：将字符串反序

题目描述

请将一个给定的字符串反序（字符长度为1～10 000，且有可能包含空格）。

输入

反序前的字符串。

输出

反序后的字符串。

样例输入

abcd

样例输出

dcba

编程思路：定义string类，用getline()函数获取字符串，size()函数求出长度，再反向输出。

程序及注释

```
#include <iostream>
#include <string>
```

```
using namespace std;

int main()
{
    string s;//定义string对象
    getline(cin, s);//字符串中可能包含空格所以用getline()
    int n = s.size();//获取字符串长度后反向输出
    for (int i = n - 1; i >= 0; i--)
    {
        cout << s[i];
    }

    return 0;
}
```

程序运行结果如图6-33所示。

图 6-33

2. 实例2

ZZ1031：统计字母出现的概率

题目描述

求指定字符串中给定字母出现的概率，结果保留两位小数。例如，给定的字母为a，字符串为apple，那么输出的结果为20.00%。

样例文件采用\n表示换行。

输入

两行。

第1行为给定的字符。

第2行为一个字符串（字符串中可能有空格）。

输出

字符在字符串中出现的概率（保留2位小数）。

样例输入

a
say

样例输出

33.33%

编程思路：获取字符和字符串后，求出字符串的长度，再循环对比，算出字符出现的次数。

程序及注释

```cpp
#include <iostream>
#include <string>

using namespace std;

int main()
{
    char c; //存储输入的字符
    string s; //存储输入的字符串
    double count = 0, n;

    cin >> c; //输入字符
    getchar(); //吸收字符和字符串之间的"回车换行"
    getline(cin, s); //输入字符串
    int k = s.size(); //计算字符串的长度
    for (int i = 0; i < k; i++) //循环比较
    {
        if (s[i] == c) //字符串中的字符如果和输入的字符相等就加1
        {
            count++;
        }
    }
    n = (count / s.size()) * 100;
    printf("%.2lf", n);
    cout << "%";

    return 0;
}
```

程序运行结果如图6-34所示。

图 6-34

3. 实例 3

<h3 style="color:orange">ZZ1073：分数最高的同学</h3>

题目描述

已知，有 n 组数据分别表示各位同学的姓名和成绩，求分数最高的同学的姓名（姓名的长度最长不超过200个字符，成绩最大不超过100分）。

输入

$n+1$ 行。

第1行为 n 表示有多少组数据（$1<=n<=100$）。

接下来的 n 行，分别给出了姓名和成绩（姓名在前、分数在后，且各个同学的分数不相同，姓名中不包含空格）。

输出

分数最高的同学的姓名。

样例输入

6
mayun 88
mahuateng 78.5
zhangchaoyan 99.5
wangxiaochuan 92.5
liyanhong 95.5
dinglei 82.5

样例输出

---

zhangchaoyan

编程思路： 因为需要保存多个字符串，所以定义string数组，然后利用循环"打擂台"的方式求出最大值。

程序及注释

```cpp
#include <iostream>
#include <string>

using namespace std;

int main()
{
    string name[110], m; //定义string数组存储输入的名字
    double score[110], maxx;
    int n;
    cin >> n; //n表示将要输入多少组数据
    cin >> name[0] >> score[0]; //输入第一组数据对应的名字和分数
    maxx = score[0]; //将第一组的分数存入最大值变量中
    m = name[0]; //将第一组的名字存入最大值名字中
    for (int i = 1; i < n; i++) //利用循环进行输入对比
    {
        cin >> name[i] >> score[i]; //依次输入名字和分数
        if (score[i] > maxx) //新输入的和之前的最大值进行比较
        {
            maxx = score[i]; //重新设置最大值
            m = name[i]; //重新设置新的最大值对应的名字
        }
    }
    cout << m; //输出分数最大值对应的名字

    return 0;
}
```

程序运行结果如图 6-35 所示。

图 6-35

4. 实例 4

ZZ1050：2进制转10进制

题目描述

请将输入的任意二进制字符串转换成十进制整数（十进制整数的范围不超过 long long）。

输入

二进制字符串。

输出

十进制整数。

样例输入

110

样例输出

6

编程思路： 把输入的二进制作为字符串存储到 string 类中，然后循环遍历字符串中为 '1' 的字符，运用指数函数进行计算累加。

程序及注释

```cpp
#include <bits/stdc++.h>

using namespace std;

int main()
{
    string s; //存储输入的二进制字符串
    long long sum = 0; //存储累加求和结果，初始化为0
    cin >> s; //输入一个二进制字符串
    int len = s.size(); //计算该字符串的长度
    for (int i = 0; i <= len - 1; i++) //遍历字符数组中的字符
    {
        if (s[i] == '1') //如果字符为1，则运用指数函数进行计算累加
        {
```

```
            sum += pow(2, len - 1 - i);
        }
    }
    cout << sum; //输出运算后的值

    return 0;
}
```

程序运行结果如图6-36所示。

图 6-36

6.4　第 6 章编程作业

1. 作业 1

ZZ1025：判断字符串是否是回文串

题目描述

若一个字符串正向和反向读起来相同，我们则称之为回文串。

（1）因为字符串"aba"正向和反向读起来都是"aba"，所以"aba"是回文串。

（2）因为字符串"abcd"正向读起来是"abcd"，反向读起来是"dcba"，所以"abcd"不是回文串。

输入

多行。

第1行为字符串的个数 t（1<=t<=1000）。

接下来的 t 行是需要判断的字符串（字符串的最大长度不超过500，字符串中不包含空格）。

输出

t 行，若字符串是回文串，则输出 Yes，否则输出 No。

样例输入

```
3
aba
abc
1221
```

样例输出

```
Yes
No
Yes
```

2. 作业 2

ZZ1074：字符串加密

题目描述

输入一个字符串，将所有字母变成它的后一个字母。变换规则如下。

（1）'a' 变成 'b'，'b' 变成 'c'，……，'y' 变成 'z'，'z' 变成 'a'，'A' 变成 'B'，'B' 变成 'C'……

（2）其他非字母字符保持不变。

输入

待加密的字符串（字符串中没有空格）。

输出

加密后的密串。

样例输入

abcdz

样例输出

bcdea

3. 作业 3

ZZ1027：词组缩写

题目描述

我们通常把一个词组中每个单词的首字母的大写组合称为该词组的缩写。例如，C 语言里常用的 EOF 就是 end of file 的缩写。求出给定的 t 个词组的缩写，每个词组的最大长度不超过 200。

输入

$t+1$ 行。

第 1 行为 t，表示接下来有 t 个词组。

接下来的 t 行，每行包含一个词组（词组的最大长度不超过 200），每个词组包含一个或多个单词，单词与单词间使用一个或多个空格隔开。

样例文件使用 \n 表示换行。

输出

共 t 行，每个词组的缩写为一行。

样例输入

3
end of file

```
baidu alibaba tencent
Olympiad  Jingsai
```

```
EOF
BAT
OJ
```

4. 作业4

ZZ1028：宝库的钥匙

题目描述

一位探险家历经千辛万苦终于找到了藏有巨额财物的宝库，来到宝库前他发现一块石碑，石碑上有两个字符串，第1个字符串的长度为偶数，现在只需要把第2个字符串插入到第1个字符串的正中央即可打开宝库。由于两个字符串都比较长（长度为$1 \sim 500$），人工拼接的情况下很容易出错，请学过编程的你帮助他解决疑惑。

输入

$t+1$行。

第1行为t，表示接下来有t组数据。

接下来的t行每行包含两个字符串（字符串中不包含空格，前面的字符串长度为偶数，两个字符串的长度都不超过200）。

输出

t行，拼接后的字符串。

样例输入

```
3
aabb   xxxx
cbcb   abab
@##@  123
```

样例输出

```
aaxxxxbb
cbababcb
@#123#@
```

5. 作业5

ZZ1294：8进制转10进制

题目描述

请将任意给定的八进制数A，转换成与它对应的十进制数。八进制数转十进制数的示例如下：

八进制数 123 转换成十进制数的结果为：$1 \times 8^2 + 2 \times 8^1 + 3 \times 8^0 = 83$。

输入

八进制数 A（1<=A<=100000）。

输出

与 A 对应的十进制数。

样例输入

22

样例输出

18

---

6. 作业 6

ZZ1467：标题统计（NOIP2018PJT1）

题目描述

凯凯刚写了一篇作文，请问这篇作文的标题中有多少个字符？注意：标题中可能包含大写/小写英文字母、数字字符、空格和换行符。在统计标题字符数时，空格和换行符不计算在内。

输入

输入文件只有一行，一个字符串 s，长度不超过 200。

输出

输出文件只有一行，包含一个整数，即作文标题的字符数（不含空格和换行符）。

样例输入

234

样例输出

3

注　完成作业后，读者需要根据公众号提示进行作业提交，检测所写的程序是否正确。

第7章

函数

编程任务

学校组织乒乓球比赛，有200个学生参加，两个学生一组，一共100组。现在比赛结果出来了，学校老师需要你写一个程序来自动判断这100组比赛中，每组中较高的分数。即每次输入两个分数，输出较高的分数。并且要求在其他程序中的任何地方都可以使用这个功能。

怎么操作？

每组比赛有两个同学的得分，程序就是算出每组比赛中得分较高的那个，即算两个数的较大值。但是现在有100组数据，难道我们要写100个程序来求两个数中较大值么？如果有1 000组数据，难道还要写1 000个这样的程序？显然这是不合理的，也不能满足功能的随机使用。

有好的办法吗？

当然有。写1 000个同样功能的程序，像这种需要编写重复代码的事情，我们用函数来处理。只须编写一个函数，然后在需要时使用这个函数就可以了，使用 1 000 次、10 000 次都可以。一次编写，多次调用，调用的地方也可以自己设置。

函数除了可以省去重复编写代码，也有其他用处，接下来我们就学习函数的相关知识。

7.1　函数程序范例

阅读并运行以下程序

```cpp
#include <iostream>

using namespace std;

int max(int x, int y) //自定义函数max，求两个数中的较大值，x和y为参数
{
    int m;

    if (x > y) //在函数中用if语句求较大值
    {
        m = x;
    }
    else
    {
        m = y;
    }

    return m; //返回较大的值
}

int main() //主函数，程序入口
{
    int a, b, c;

    cin >> a >> b; //输入两个数
    c = max(a, b); //调用自定义函数max，将返回的值赋值给c
    cout << c; //输出较大的值

    return 0;
}
```

程序运行结果如图7-1所示。

程序解释

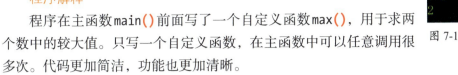

图 7-1

程序在主函数main()前面写了一个自定义函数max()，用于求两个数中的较大值。只写一个自定义函数，在主函数中可以任意调用很多次。代码更加简洁，功能也更加清晰。

7.2 函数的用法

7.2.1 函数的概念

1. 什么是函数

函数是程序中完成指定功能的代码块，即完成特定任务的独立程序代码单元。例如scanf()、printf()、strlen()、strcmp() 都是函数。

为什么需要使用函数？

（1）将程序模块化，优化逻辑，降低复杂度，便于阅读。

当我们开发一款软件时，通常都需要编写上万行或者几十万行代码。如果把所有代码都写在main函数中，把这几万行代码看完都很困难，更别提修改程序中的BUG了。

因此在编写复杂的软件时，会将程序划分成多个功能模块，然后把每个模块封装成一个函数。便于更容易和更清晰地阅读和修改代码。

（2）避免重复造轮子，实现代码重复使用，让程序更简洁。

假如在开发一个软件时，有100个地方需要求两个数的较大值，有200个地方需要用到冒泡排序。难道要写100个比较程序和200个冒泡程序么？

为了让代码更简洁，可以将求较大值和冒泡排序的代码分别定义成两个函数，这样就可以实现相同功能的代码重复使用。

函数是实现程序模块化的基本方式，将一个程序划分成多个功能模块也是软件开发人员最基本的技能。

2. 函数的分类

库函数和自定义函数

（1）库函数

库函数也称标准函数，是由C++提供的，是用于完成各种基本功能的代码块（如输入、输出）。在使用库函数时，需要在代码中包含对应的头文件，并按指定的方式调用对应的函数，例如scanf()、printf()、strlen()、sqrt()、strcmp()、strncmp()、strcpy()等函数。

（2）自定义函数

由软件开发人员自己编写，用于实现指定功能的代码块。例如程序范例中求两个数中较大值的函数 **int** max**(int** x，**int** y**)** 就是自定义函数。

7.2.2　语句块与作用域

1. 语句块

C++是通过语句块来限定变量作用域的，一个大括号里面的所有语句称为一个语句块。在每个语句块中定义的变量都只能在该语句块中使用。

2. 作用域

全局变量作用域：从声明到结束。

局部变量作用域：从声明到对应代码块结束。

同一等级的作用域范围内不能有重名变量。

程序实例 1

```cpp
#include <iostream>

using namespace std;

int main()
{
    int sum1 = 0; //变量sum1是定义在main函数大括号对应的语句块里的，可以在整个
大括号对应的语句块里使用

    for (int i = 1; i <= 5; i++) //变量i是在for循环的语句块里定义的，只能在for
循环里使用
    {
        int sum2 = 0; //变量sum2只能在for循环对应的大括号里使用
        sum2 += i;
        sum1 += i;
    }
    cout << sum1; //只能输出变量sum1，不能输出变量sum2

    return 0;
}
```

程序运行结果如图 7-2 所示。

```
15
```

图 7-2

程序实例2

```cpp
#include <iostream>

using namespace std;

int main()
{
    int a = 1; //在每个语句块中都定义了一个变量a
    {
        int a = 2;
        {
            int a = 3;
            cout << a << endl; //输出的值是对应语句块中变量的值
        }
        {
            int a = 4;
            cout << a << endl;
        }
        cout << a << endl;
    }
    cout << a << endl;

    return 0;
}
```

程序运行结果如图7-3所示。

图 7-3

7.2.3 自定义函数介绍

自定义函数框架：

```
返回值类型　函数名（形式参数列表）
{
    函数体；
}
```

（1）返回值类型

也叫函数类型或者数据类型，可以是int、float、double、char、void等。如果返回值类型为void，则说明无返回值。

（2）函数名

合法的C++语言标识符（由字母、数字、下划线组成，并用下划线或字母开头）。程序中除了主函数名必须是main以外，其他函数的名字按照标识符的取名规则可以任意取名，当然最好是结合函数的相关功能。

（3）形式参数列表

形式参数列表，即形参说明，指定函数的参数类型和个数。当函数有多个参数时，使用逗号隔开。也可以没有参数，即无参函数。如果有形式参数（例如某个变量名或者数组名），它们也必须要有类型说明，可以体现主调函数与被调函数之间的关联。

（4）函数体

函数体就是函数中最外层大括号"{}"括起来的一些声明和执行语句。如果没有函数体，就说明这是一个空函数。

（5）void关键字

若函数没有参数，可以将形参说明省略，或者将其写成void，表示函数没有参数。

若函数没有返回值，需要将返回值类型写成void，表示函数没有返回值。

（6）函数定义的位置

各个函数之间是独立定义的，不能在一个函数内定义另外一个函数，即函数不能嵌套定义，但可以嵌套使用。

（7）函数的形式

函数的形式从结构上说可以分为3种：无参函数、有参函数和空函数。

程序实例

```cpp
void sum(int x, int y) //函数没有返回值void
{
    int z;

    z = x + y;
    cout << z; //函数体里计算输出

    return ; //只写return表示退出函数，不返回任何内容。没有返回值也可不写return。
}
```

7.2.4 函数的返回值

1. 关于return语句的说明

（1）一个函数可以有多个return语句，但只有一个return语句会执行。

（2）若函数返回值类型为void，则表示没有返回值，可以不写return语句或者只写return表示结束函数调用。

（3）若函数返回值的类型与return语句中表达式取值的类型不一致，则会将表达式的取值自动转换为返回值的类型。

2. 多个return语句的使用约定

（1）虽然一个函数可以拥有多个return语句，但在实际的软件开发中，为了保证程序的可读性，通常都会要求函数的入口和出口都是唯一的。因此一个函数中最好只使用一个return语句。

（2）只有在判断参数的正确性或进行特殊值处理时，才会使用多个return语句，并且需要将特殊值处理或判断参数正确性的代码放在函数的最开头。

7.2.5 函数的形参与实参

把函数定义时所声明的参数称为函数的形式参数，简称形参。在调用函数时传入的参数称为函数的实际参数，简称实参。实参是出现在函数调用时的圆括号中的表达式，形参是函数定义时在函数头中声明的变量。

形参是定义在函数中的变量，所以形式参数也是局部变量，是该函数私有的。如果其他函数中使用相同变量名也不会引起名称冲突。

实参可以是常量、表达式，也可以是已经确定的变量或者数组等。

程序实例

```cpp
#include <iostream>

using namespace std;

int max(int x, int y) //返回值类型为int，函数名为max，形式参数为两个整型x和y的
自定义函数max。
{
    int m;

    if (x > y)
    {
        m = x;
```

```
    }
    else
    {
        m = y;
    }

    return m; //函数返回值
}

int main() //主函数，程序入口
{
    int a, b, c;

    cin >> a >> b;
    c = max(a, b); //调用自定义函数max，其中a和b是实参，并将函数返回值赋值给变量c
    cout << c; //输出较大的值

    return 0;
}
```

7.2.6　函数的声明

在调用函数之前，要先声明函数原型，即先声明函数的返回值类型和参数类型。在主调函数中或所有函数定义之前，函数的声明形式如下：

返回值类型　函数名（形式参数列表）；

形式参数列表可以是无参的，也可以省略变量名。

例如

```
int show_x(int x);
```

或者

```
int show_x(int);
```

这两种函数原型声明都是可以的。

如果在主函数main前面进行函数声明，就可以把自定义函数的程序写在主函数之后。

程序实例

```
#include <iostream>

using namespace std;
```

```cpp
int max(int x, int y);//函数声明

int main()//主函数放在前面
{
    int a, b, c;

    cin >> a >> b;
    c = max(a, b);
    cout << c;

    return 0;
}

int max(int x, int y) //自定义函数放在主函数后面
{
    int m;

    if (x > y)
    {
        m = x;
    }
    else
    {
        m = y;
    }

    return m;
}
```

7.2.7 函数的调用与递归

声明了函数原型之后，便可以按以下形式调用函数：

函数名（实参列表）

实参列表与函数原型的形参个数相同，类型相符的实参。

1. 传值调用

主调函数和被调用函数之间有数据传递关系，也就是说，主调函数将实参数值复制给被调用函数的形参，这种调用方式就是传值调用。

2. 递归调用

函数自己调用自己，就叫作函数的递归调用。

在递归调用时，要特别注意递归的终止点，因为如果递归的过程中没有终止递归的部分，那么函数将会无限递归下去，类似死循环一样。可以使用循环的地方通常也可以使用递归来解决，有的问题适合用循环解决，有的问题适合用递归。总的说来，通常情况下递归方案更简洁，但循环的效率更高。

程序实例

```cpp
#include <iostream>

using namespace std;

int func(int n) //自定义函数func
{
    int t;

    if (1 == n) //如果传入的参数等于1，函数就返回1，递归终止
    {
        return 1;
    }
    t = n + func(n - 1); //递归调用过程，在func函数中调用func函数，参数由n变为了n-1，即自己调用自己

    return t; //函数返回t
}

int main() //主函数
{
    int a = 0;
    a = func(5); //调用func函数，实参为5，并将函数的返回结果赋值给变量a
    cout << a; //输出变量a的值

    return 0;
}
```

程序运行结果如图 7-4 所示。

函数的递归过程如图 7-5 所示。

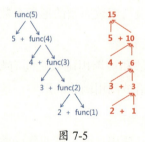

15

图 7-4　　　　　　　　　　　　　　　　图 7-5

程序解释

在主函数中调用自定义函数 func()，并将 5 作为实参传递，函数 func() 返回值在参数不等于 1 的时候为 t，而 t 等于 n+func(n-1)，也就是说在函数 func() 里计算 t 的时候又调用了 func() 函数，即自己调用自己。此时的 n 等于 5，那么 func(5) 就等于 5+func(4)，然后 func(4) 等于 4+func(3)，func(3) 等于 3+func(2)，最后直到 func(2) 等于 2+func(1)，此时因为参数是 1，满足函数中条件 `if(1==n)`，所以返回值为 1，即 func(1)=1。func(1)=1 就是递归的终止。

得到了 func(1)=1 的结果后再逆推回去。

func(2)=2+func(1) 即 func(2)=2+1=3;

func(3)=3+func(2) 即 func(3)=3+3=6;

func(4)=4+func(3) 即 func(4)=4+6=10;

func(5)=5+func(5) 即 func(5)=5+10=15;

最后将 15 赋值给变量 a 并输出。

7.2.8 数字查找之顺序和二分

1. 猜数字游戏

现在有一个序列是 1 ～ 100 的数字，我随机选择其中一个数字，假设为 60，现在你来猜我选择的数字，每次猜测后，我会告诉你大了、小了还是正确。

第一种用顺序查找的算法猜

第 1 次：猜 1，小了。

第 2 次：猜 2，小了。

第 3 次：猜 3，小了。

……

第 59 次：猜 59，小了。

第 60 次：猜 60，正确！

这种顺序查找的办法，每次猜测只能排除一个数字，如果我想的数字是 100，那么你可能需要从 1 猜到 100 了。

第二种用二分查找的算法猜

第 1 次：从 50（1 ～ 100 的一半）开始猜，我告诉你小了，就排除了一半的数字，因为你知道 1 ～ 50 都小了。

第 2 次：猜 75（50 ～ 100 的一半），我告诉你大了，这样剩下的数字又少了一半。

第 3 次：猜 63（50 ～ 75 的一半），大了，排除一半。

第 4 次：猜 56（50 ～ 63 的一半），小了，排除一半。

第 5 次：猜 59（56 ～ 63 的一半），小了，排除一半。

第 6 次：猜测 61（59 ～ 63 的一半），大了，这样剩下的就只有 60 了。

第 7 次：直接说出正确答案 60 ！

这种每次猜测都选择中间的那个数字，从而使每次都将余下的数字排除一半。这样的二分查找方式，很明显比第一种要高效很多。第一种需要猜测 60 次才能猜出正确答案，而使用第二种方式，只需要 7 次就能猜出正确答案。

2. 数字查找问题

对于在一批数据中查找某个数的问题，一般可分为顺序查找和二分查找。如果程序是按顺序在数组中查找某个元素，这种按顺序查找的方法称为顺序查找。

顺序查找的特点是对任意序列都可以实现查找，但是当序列很大时，查找次数就会比较多，会有许多重复的操作，查找效率低，这时候我们可以用二分查找法。

用二分查找的方法去找满足条件的数据，二分查找法也叫折半查找法，它是一种效率较高的查找方法，即"二分法"。二分法是分治算法的一种，分治就是分而治之，将较大规模的问题分解成几个较小规模的问题，然后逐个处理较小规模的问题以达到解决整个问题的求解。

3. 二分查找

（1）二分查找的基本思想

在数组 a 中将 n 个元素分成大致相等的两部分（按照从小到大的顺序），查找元素 x。取 a[n/2] 与 x 做比较，如果 x=a[n/2]，则找到 x，算法终止；如果 x<a[n/2]，则只要在数组 a 的左半部分继续搜索 x；如果 x>a[n/2]，则只要在数组 a 的右半部搜索 x。

（2）二分查找的基本要求

必须按关键字大小有序排列，即必须是有序的数列。

（3）二分查找法的查找过程

首先，假设表中元素是按升序排列，将表中间位置记录的关键字与查找关键字比较，如果两者相等，则查找成功。否则利用中间位置记录将表分成前、后两个子表，如果中间位置记录的关键字大于查找关键字，则进一步查找前一子表，否则进一步查找后一子表。重复以上过程，直到找到满足条件的记录，则查找成功，或直到子表不存在为止，此时查找失败。

7.3 编程实例讲解

1. 实例1

ZZ1040：失踪的7

题目描述

远古的阿尔法人也使用阿拉伯数字来进行计数，但是他们不喜欢使用7，因为他们认为7是一个不吉祥的数字。

所以阿尔法人的数字8其实表示的是自然数中的7，18表示的是自然数中的16。求任意给定的阿尔法数所对应的自然数。

要求：为便于代码阅读，请编写函数 int hasSeven(int d)；判断给定的整数 d 中是否包含数字7。如果整数 d 中包含7，则返回1，否则返回0。

输入

$t+1$ 行。

第1行为正整数 t。

接下来共 t 行，每行为一个阿尔法数 n（$1 <= n <= 2^{32}-1$）。

输出

输出每个阿尔法数对应的自然数，共 t 行，每行一个。

样例输入

```
2
10
20
```

样例输出

```
9
18
```

程序及注释

```cpp
#include <iostream>

using namespace std;
```

```cpp
int hasSeven(int d); //函数声明

int main()
{
   int n, m, num, count;

   cin >> n; //输入n，表示接下来会输入n个数
   for (int i = 1; i <= n; i++) //进行n次循环输入
   {
      cin >> num; //输入一个数num
      m = 0;
      count = 0;
      for (int j = 1; j <= num; j++) //检查数1到数num是否有7
      {
         m = hasSeven(j); //把j作为实参，调用自定义函数判断是否有7
         if (1 == m) //如果有7，则m为1，计数变量count自加1
         {
            count++;
         }
      }
      cout << num - count << endl; //输出对应的自然数
   }

   return 0;
}

int hasSeven(int d) //自定义函数，d是形参
{
   int flag = 0;

   do
   {
      if (7 == d%10)
      {
         flag = 1; //如果有7，则flag标记为1
      }
      d = d / 10;
   }while (d != 0);
```

```
    return flag;//返回flag的值
}
```

程序运行结果如图7-6所示。

图 7-6

2. 实例 2

ZZ1249：求最大公约数（提高版）

题目描述

已知两个整数 a 和 b，求它们的最大公约数。

输入

$a\ b$（ $1<=a$ 和 $b<=10^{18}$ ）。

输出

a 和 b 的最大公约数。

样例输入

2 6

样例输出

2

解法 1：用递归实现辗转相除法求解

程序及注释

```cpp
#include <iostream>

using namespace std;

long long gcd(long long x, long long y)//自定义函数gcd()
{
    if (x % y == 0) //x对y求余，当余数等于0的时候返回y值
    {
        return y;
```

```
    }
    else //当x对y的余数不等于0时则进行递归调用，直到x对y的余数为0时停止递归
    {
        return gcd(y, x % y);
    }
}
int main()
{
    long long a, b;
    cin >> a >> b;
    cout << gcd (a, b); //用a, b为实参调用自定义函数gcd( )

    return 0;
}
```

程序运行结果如图7-7所示。

图 7-7

解法2：用循环实现辗转相除法求解

程序及注释

```
#include <iostream>

using namespace std;

int main()
{
    long long a, b, c;
    cin >> a >> b; //输入两个整数a, b
    c = a % b; //算出a对b的余数
    while(c != 0) //开始辗转相除直到余数为0时，b就是最大公约数
    {
        a = b;
        b = c;
        c = a % b;
    }
```

```
cout << b;

return 0;
}
```

程序运行结果如图7-8所示。

图 7-8

3.　实例3

ZZ1236：查找数字所在的位置

题目描述

有 n 个不重复的整数，它们按由小到大的顺序排列，请找出 m 个指定数字所在的位置编号（编号从0开始），若无法找到该数字则输出-1。

输入

第1行：$n\ m$（n 表示序列中数字的个数，m 表示要查找的数字个数，n、m 都为整数且使用空格隔开）。

第2行：n 个按由小到大顺序排列的不重复的整数，每个整数不超过int类型的存储范围，接下来的 m 行，是 m 个需要查找的整数，每行一个（1<=n、m<=10^5）。

输出

m 行，m 个指定数字所在的位置编号。

样例输入

```
5 2
1 3 4 5 6
4
8
```

样例输出

```
2
-1
```

编程思路： 这是一个数字查找类的问题，此题可以用二分查找算法。

程序及注释

```cpp
#include <iostream>
#include <cstdio>

using namespace std;

int a[100010];//数组定义到全局变量中

//二分查找函数
int BSearh(int low, int high, int key)
{
    while(low <= high)//当low小于等于high时进行循环二分查找
    {
        int mid = (low+high)/2;//中间下标等于最小下标加最大下标的一半
        if (key == a[mid])//当查找的值和中间值相等时返回该下标
        {
            return mid;
        }
        if (key < a[mid])// 当查找的值小于中间值时重新赋值最大的下标
        {
            high = mid - 1;
        }
        if (key > a[mid])// 当查找的值大于中间值时重新赋值最小的下标
        {
            low = mid + 1;
        }
    }
    return -1;// 循环结束仍然没有找到就返回-1
}

int main()
{
    int n, m, t, ans;
    cin >> n >> m;
    for (int i = 0; i < n; i++)
    {
        scanf("%d", &a[i]);//因为可能是大数据量的输入所以用scanf命令
    }

    for (int i = 0; i < m; i++)
```

```
{
    scanf("%d", &t);// 循环m次，每次输入一个要查找的数
    ans = BSearh(0, n-1, t);// 调用自定义函数进行二分查找
    printf("%d\n",ans);// 输出二分查找的结果
}

    return 0;
}
```

程序运行结果如图7-9所示。

程序解释

在以上的程序运行结果中，当输入4的时候程序返回2，说明4在序列中的编号是2，当输入8的时候程序返回-1，说明在序列中无法找到数字8。在查找的过程中运用了二分查找的算法，特别要注意在二分查找之前，序列一定是排序好的有序序列。

图 7-9

7.4 第 7 章编程作业

1. 作业1

ZZ1107：记数问题

题目描述

给定一个十进制正整数 n，写下从1到 n 的所有整数，然后数一下其中出现的数字"1"的个数。例如：

当 $n=2$ 时，写下1、2。这样只出现了1个"1"。

当 $n=12$ 时，写下1、2、3、4、5、6、7、8、9、10、11、12，这样出现了5个"1"。

请编写函数int OneCnt(int d)，求给定整数 d 中数字1的个数。并在main函数中调用该函数，求1到 n 中数字1的个数。

输入

正整数 n。1 <= n <= 10000。

输出

一个正整数，即"1"的个数。

样例输入

5

2. 作业 2

ZZ1258：回文日期（NOIP2016PJT2）

题目描述

在日常生活中，通过年、月、日这 3 个要素可以表示出唯一确定的日期。

牛牛习惯用 8 位数字表示一个日期，其中，前 4 位代表年份，接下来 2 位代表月份，最后 2 位代表日期。显然，一个日期只有一种表示方法，而两个不同日期的表示方法不会相同。牛牛认为，一个日期是回文的，当且仅当表示这个日期的 8 位数字是回文的。现在，牛牛想知道，在他指定的两个日期之间（包含这两个日期本身），有多少个真实存在的日期是回文的。一个 8 位数字是回文的，当且仅当对于所有的 i（$1 <= i <= 8$）从左向右数的第 i 个数字和第 $9-i$ 个数字（即从右向左数的第 i 个数字）是相同的。

例如：

（1）对于 2016 年 11 月 19 日，用 8 位数字 20161119 表示，它不是回文的。

（2）对于 2010 年 1 月 2 日，用 8 位数字 20100102 表示，它是回文的。

（3）对于 2010 年 10 月 2 日，用 8 位数字 20101002 表示，它不是回文的。

每一年中都有 12 个月，其中 1、3、5、7、8、10、12 每个月有 31 天。4 月、6 月、9 月、11 月每个月有 30 天。而对于 2 月，闰年时有 29 天，平年时有 28 天。

一个年份是闰年当且仅当它满足下列两种情况中的一种。

（1）这个年份是 4 的整数倍，但不是 100 的整数倍。

（2）这个年份是 400 的整数倍。

例如：

2000 年、2012 年、2016 年都是闰年。

1900 年、2011 年、2014 年都是平年。

输入

输入包括两行，每行包括一个 8 位数字。

第一行表示牛牛指定的起始日期。

第二行表示牛牛指定的终止日期。

保证 date1 和 date2 都是真实存在的日期，且年份部分一定是 4 位数字，且首位数字不为 0。

保证 date1 一定不晚于 date2。

输出

输出一行，包含一个整数，表示在date1和date2之间，有多少个日期是回文的。

样例输入

```
20110101
20111231
```

样例输出

```
1
```

3. 作业3

ZZ1501：最大素因数

题目描述

若整数A不仅是X的因数也是素数，我们则称A是X的素因数。现有N个数，请找出这N个数中谁的素因数最大，并输出这个数。

```
// 将求一个给定整数的最大素因数封装成如下函数
int getMaxFactor(int d)
{
    // 因为1不是素数，所以要有素因数，这个数就必须大于等于2
    if ( d < 2 ) {
      return -1;
    }
    int k = 2;
    // 利用质因数分解，求整数d的最大素因数
    return k;
}
```

输入

$N+1$行。

第1行，整数N（$1 \leqslant N \leqslant 5000$）。

接下来的N行，每行一个整数（$1 \leqslant$ 每个整数 $\leqslant 20000$）。

输出

所有整数中素因数最大的是哪个数，如果所有数都没有素因数则输出0。

样例输入

```
4
36
38
40
42
```

样例输出

38

---

4. 作业 4

ZZ1052：进制转换

题目描述

将一个十进制数 x（$1<=x<=100\,000\,000$）转换成 m 进制数（$2<=m<=16$）。

输入

$x\ m$（$1<=x<=100\,000\,000$，$2<=m<=16$）。

输出

m 进制数。

样例输入

---

31 16

样例输出

1F

---

5. 作业 5

ZZ1241：快速排序（普通快排）

题目描述

请将 n 个整数由小到大排序（$1<=n<=100000$），序列中的元素大多不相同，且大多数元素都是无序的。

输入

两行。

第 1 行：n（表示整数的个数，$1<=n<=100000$）。

第 2 行：n 个用空格隔开的整数。

输出

一行，排好序的整数序列。

样例输入

3
3 1 2

样例输出

---

1 2 3

---

6. 作业6

ZZ1460：求序列的最大值和最小值

题目描述

已知一个长度为 n 的正整数序列，请求出该序列的最大值和最小值。

（1）不要求排除序列中重复的整数。

（2）比较次数应尽量少。

输入

两行。

第1行：n 表示序列中整数的个数，$2 \leqslant n \leqslant 5 \times 10^6$。

第2行：n 个使用空格隔开的整数，$1 <$ 每个整数 $\leqslant 10^8$。

输出

该整数序列的最小值和最大值。

样例输入

```
5
8 2 9 2 1
```

样例输出

```
1 9
```

7. 作业7

ZZ1399：五子棋

题目描述

　　五子棋是世界智力运动会的竞技项目之一，是一种两人对弈的策略型棋类游戏，通常双方分别使用黑白两色的棋子，下在棋盘纵线与横线的交叉点上，先形成五子连线者获胜。如果要开发一款五子棋小游戏，判断棋局输赢也将是其中很重要的一部分。

　　现有一个 n 行 m 列的棋盘，我们使用1表示棋格里有黑色棋子，2表示棋格里有白色棋子，0表示没有棋子。给定 t 场对弈棋局，请判断是否有五子连线的棋子，如果有则输出 Yes，没有则输出 No。

输入

第1行，$n\,m\,t$（$1 \leqslant n$、$m \leqslant 100$，$1 \leqslant t \leqslant 10$）。

接下来共 t 组数据，每行组数据 n 行，每行 m 个整数，每个整数的取值为0、1或者2。

输出

t行，如果有五子连线的棋子则输出 Yes，否则输出 No。每行一个。

样例输入

```
5 6 4
1 1 1 1 1 0
2 2 0 2 2 0
0 0 0 0 0 0
0 0 0 0 0 0
0 0 0 0 0 0

2 1 1 0 1 0
2 1 0 2 2 0
0 1 0 2 0 0
0 1 0 2 0 0
0 1 0 2 0 0

2 1 1 0 1 0
0 2 0 2 2 0
0 1 0 1 0 0
0 0 0 2 0 0
0 1 0 2 0 1

2 1 1 0 1 2
2 1 0 2 2 0
0 1 0 2 0 0
0 1 2 2 0 0
0 2 0 2 0 0
```

样例输出

```
Yes
Yes
No
Yes
```

8. 作业 8

ZZ1312：扫雷游戏（NOIP2015PJT2）

题目描述

扫雷游戏是一款十分经典的单机小游戏。在 n 行 m 列的雷区中有一些格子含有"地雷"（称之为"地雷格"），其他格子不含"地雷"（称之为"非地雷格"）。当玩家翻开一个非地雷格时，该格将会出现一个数字——提示周围格子中有多少个地雷格。游戏的目标是在不翻出任何地雷格的条件下，找出所有的非地雷格。

现在给出 n 行 m 列的雷区中的地雷分布，要求计算出每个非地雷格周围的地雷格数。

注　一个格子的周围格子包括其上、下、左、右、左上、右上、左下、右下 8 个方向与之直接相邻的格子。

请将求解每个非地雷格周围地雷格数的代码封装成一个函数 int getBomNum(int x, int y)。

输入

第一行是用一个空格隔开的两个整数 n 和 m，分别表示雷区的行数和列数。

接下来 n 行，每行有 m 个字符，描述了雷区中的地雷分布情况。字符 '*' 表示相应格子是地雷格，字符 '?' 表示相应格子是非地雷格，相邻字符之间无分隔符。

输出

输出文件包含 n 行，每行 m 个字符，描述整个雷区。用 '*' 表示地雷格，用周围的地雷个数表示非地雷格，相邻字符之间无分隔符。

样例输入

```
3 3
*??
???
?*?
```

样例输出

```
*10
221
1*1
```

注　完成作业后，读者需要根据公众号提示进行作业提交，检测所写的程序是否正确。

附录 A
程序调试技能（Debug）

编写程序，特别是做一些复杂题目或者项目的时候，第一次写出来的程序很可能会有语法错误或者逻辑错误，这时候也不要着急。语法错误能够通过编译来发现，逻辑错误可以通过程序调试（Debug）来找到错误点。

程序调试（Debug）是非常有效的排错手段，每位同学都需要掌握这项技能，下面我们简单介绍基本的调试设置方法。

1. 设置程序断点

先设置断点，即手动调试程序的起点。

如图 A-1 所示，如果想在程序的第 10 行设置断点，那么就单击前面数字 10 的那部分，该行就会高亮显示（默认红色），表示这行被设置成了断点。如果想取消断点，则再次单击该位置。

当设置断点后，程序在运行到该行时就会自动

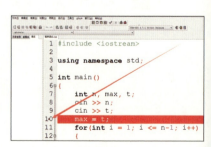

图 A-1

暂停下来。大家可以根据程序需要设置多个断点。

2. 调试程序

如图 A-2 所示，设置断点后，选择主菜单中的【运行】→【调试】（或者按快捷键F5），让程序运行，进入Debug状态。

如图 A-3 所示，单击【调试】后，根据程序的需要输入相应的值，程序会自动运行到第一个断点处，并暂停下来，此时断点处就会由红色变为蓝色，表示接下来将运行底色为蓝色的代码。

图 A-2

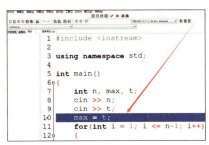

图 A-3

> **注意** 有时会出现设置了断点，单击【调试】后，程序并没有在断点处停留。这时候你可以取消断点，重新编译程序，重新设置断点，再单击【调试】。

3. 添加查看变量

如图 A-4 所示，在调试程序的过程中，我们需要观察变量在程序运行过程中的变化，这时候就可以单击【添加查看】来设置需要观察的变量。

如图 A-5 和图 A-6 所示，我们添加查看了变量n，就会显示变量n在程序运行过程中值的变化情况。

图 A-4

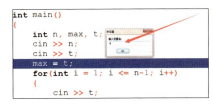

图 A-5

如果没有出现左边的调试变量显示框，可根据图 A-7 的方式开启。

4. 单步运行调试程序

如图 A-8 所示，添加好需要观察的变量后，就可以单击【下一步】或者其他调试跟踪按钮来一步一步执行并调试程序。（当程序有输入的时候，需要输入值后才能继续调试。）

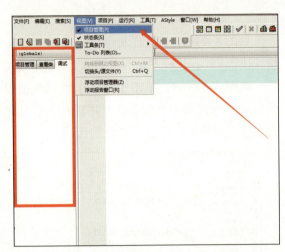

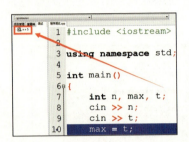

图 A-6

图 A-7

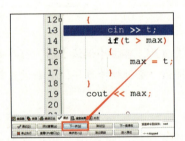

图 A-8

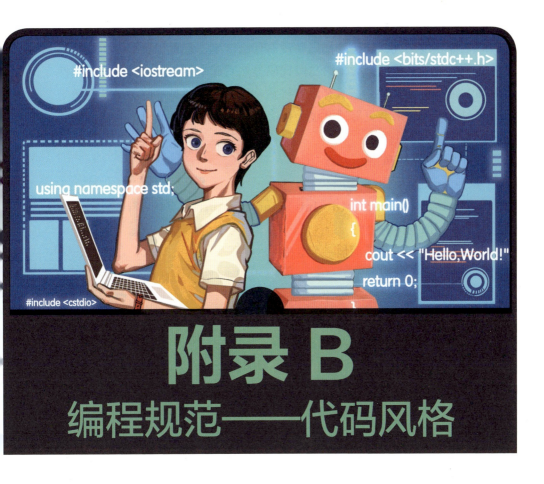

附录 B
编程规范——代码风格

先看以下两段代码。

代码1

```cpp
#include<iostream>
using namespace std;
int main(){cout<<"Hello,World!"<<endl;return 0;}
```

代码2

```cpp
#include <iostream>

using namespace std;

int main()
{
    cout << "Hello,World!" << endl;

    return 0;
}
```

对于计算机来说，这两段代码并没有什么区别，都可以执行，执行结果也一样。但是对于我们人类，第二段代码显然看起来更舒适，程序的可读性也更强。跟写作文类似，把所有内容挤在一块，内容还是那些。但若是适当分行分段，则看起来会更舒适，也会提高程序的可读性。所以，养成良好的编码风格习惯非常重要。

C++常用的编码风格。

（1）#include后加一个空格。

（2）**using namespace** std、**int** main()、**return** 0前空一行。

（3）需要加空格的情况。

　　①逗号和分号后面加一个空格。

　　②+、−、*、/、%、+=、−=、*=、/=、%=、=、>、<、>=、<=、==、!=前后各加一个空格。

（4）写成sum += a的形式，不要写成sum = sum + a的形式。同理还有−=、*=、/=、%=。

（5）if、else if、else、for、while后都要加 {}，即使 {} 中只有一行代码。

（6）在判断是否相等的时候，写成"if (常量==变量)"的形式，不要写成"if (变量==常量)"的形式。

（7）两个函数之间加一个空行。

（8）函数内的段落之间也可以加一行空行。例如，当for结束后，加一行空行，if...else结束后加一行空行。

（9）for、while、switch、if、else if后面和括号之间加一个空格。

（10）程序定义完变量后空一行。

（11）添加注释。在平时编程时，在逻辑复杂的地方加上注释，方便以后自己或其他人查看程序。

附录 C
编程规范——命名规则

因为本书是面向零基础的学生，为了便于学生理解，书中很多变量并没有按照标准的规则去命名。但是良好的编程命名规范，对代码的清晰度、简洁度、可测试性、安全性、程序效率、可移植性等多个方面有较大的影响。下面介绍目前较为流行的3种命名法则。

1. 匈牙利命名法

匈牙利命名法通过在变量名前面加上相应的小写字母的符号标识作为前缀，标识出变量的作用域、类型等。这些符号可以多个同时使用，顺序是m_(成员变量)→指针→简单数据类型→其他。这样做的好处在于能增加程序的可读性，便于对程序的理解和维护。

例如：

int iMyAge; "i"是int类型的缩写。

char cMyName[10]; "c"是char类型的缩写。

float fManHeight; "f"是float类型的缩写。

匈牙利命名法的关键：标识符的名字以一个或者多个小写字母开头作为前缀，前缀之后是首字母大写的一个单词或多个单词组合，该单词要指明变量的用途。

匈牙利命名法的基本原则：变量名 = 属性 + 类型 + 对象描述。

注意　匈牙利命名法，这种命名技术是由一位微软程序员查尔斯-西蒙尼（CharlesSimonyi）提出的，由于他出生在匈牙利所以就叫匈牙利命名法。

2. 驼峰命名法

正如它的名称一样，是指混合使用大小写字母来构成变量和函数的名字。例如：

int myAge;

char myName[10];

float manHeight;

下面是分别用骆驼式命名法和下划线法命名的同一个函数：

printEmployeePaychecks();

print_employee_paychecks();

第一个函数名使用了驼峰命名法，函数名中的每一个逻辑断点都有一个大写字母来标记。

第二个函数名使用了下划线法，函数名中的每一个逻辑断点都有一个下划线来标记。

3. 帕斯卡（pascal）命名法

与驼峰命名法类似，二者的区别在于，驼峰命名法是首字母小写，而帕斯卡命名法是首字母大写。

例如：

int MyAge;

char MyName[10];

float ManHeight;

string UserName;

命名规则小结

iMyData是匈牙利命名法，小写的i说明了它的型态，后面和帕斯卡命名相同，指示了该变量的用途。

myData是驼峰命名法，第一个单词字母小写，后面的单词首字母大写，看起来像一个骆驼。

MyData 是帕斯卡命名法，首字母大写。

4. 小结

命名包括文件名、类名、结构名、类型名、函数名、变量名、参数名等都是程序设计中重要的一部分。一个好的名称体现了深思熟虑的过程，也方便以后阅读程序，同时也能够帮助读者更好地理解开发者的思路。如果程序中充满了 a、b、c、x、y、z 这种命名的变量，当程序复杂了，你再阅读程序时会发现，即使只是读懂程序也要花很长的时间和精力，所以命名规范对程序开发者来说非常重要。

总的来说，函数名、变量名、文件名都应该具有描述性，不应随意编写，类型变量名要保持名词性描述，函数名保持命令性和功能性。

附录 D
编程竞赛考试经验总结

学了编程，你可以参加很多竞赛和考试，但是考试有一定的偶然性，许多学生考试的时候因为种种原因没有发挥出自己的真正实力，现在总结一些考试经验以供参加考试的同学参考。

1. 读题

（1）仔细读题，看清题目要求，特别是对输出结果的要求。

例如，题目要求输出结果为"Yes"或者"No"，程序输出的时候一定要严格按照大小写要求输出，如果你把"Yes"写成"yes"或者"YES"都会算错误。

（2）审题一定要清楚，最好多看几遍题，特别注意数据范围，样例一定要先弄懂。

（3）通过样例后，一定不要放松警惕，因为样例并不能涵盖所有的情况。

（4）想到一种可能是正解的解法，不要急于下手，先检验样例，确保算法的正确性，不要等到程序都编完了才发现这是错的，浪费了时间。

（5）时间分配一定要合理，注意如果一道题花了较多时间，应及时放下，先保证拿到保底分。

（6）对于简单的题，一定要考虑全面，不是编好了程序再来思考，而是想算法的时候就要考虑到各种可能的情况。

（7）当比赛还剩下 5 ～ 10 分钟的时候，不要随意再改动自己的程序。

（8）对于需要提交文件的考试，当比赛还剩下 10 分钟的时候，即使没有写完程序也应该停下来。检查是否注释了该注释掉的东西，文件名是否写对，特别要检查有没有多余的空格，文件夹是否建对。

2.　数据方面

（1）定义整型数据类型时要注意题目数据的范围，如果是大型数据，整型要记得用 long long，int 的范围有限。

（2）int 类型和 int 类型相乘，结果可能会超出 int 类型的存储范围，要在第一个 int 的前面加上 (long long)。

（3）变量初始化问题，类似用 sum += i 这种用来累加求和的变量一定记得初始化为 0，即 sum =0。如果是乘法则是初始化为 1，即 sum=1。

（4）浮点运算精度丢失

在考试时，考虑到数据精度问题，应尽量采用数学变换避免浮点运算。如果无法避免，优先采用精度更高的 double 保存浮点数。

（5）当数据量较大时，优先用 scanf 和 printf，因为效率会比 cin 和 cout 高。

（6）定义数组尽量定义全局变量，特别是大数组。在考试时，数组下标根据题意尽量数组的存储范围要大一些，但也不能无限设定，数组定义过大也会报错，例如在 Dev C++ 环境的全局变量中，数组空间最大约为 400 000 000。

（7）某些数组越界在编译器内运行是不会显示出运行时错误的。

（8）要考虑题目的特殊情况，不要因为考虑的情况少而丢了不该丢的分。

（9）有多组数据的时候要特意检测多组数据分开处理和一起处理是否会不同，避免出错。

3.　程序方面

（1）头文件问题

有的同学考试的时候会忘记写头文件，例如程序里用到 scanf 或者 printf，就要包含 cstdio 头文件，用到数学函数需要添加 cmath 头文件，C++ 有个万能头文件，它包含了目前 C++ 所包含的所有头文件，C++ 万能头文件的写法如下。

```
#include <bits/stdc++.h>
```

（2）字符和字符串问题

有的同学在考试的时候容易把字符和字符串弄混。

判断字符串中的某个字符是否与‘A’相等，是用单引号。

例如：`if (a[i] == 'A')`

判断字符串是否与字符串“A”相等，是用双引号。

例如：`if (0 == strcmp(a,"A"))`

（3）赋值号与等于号混淆

赋值号为=。

等于号为==。

特别是在做if判断的时候，很多同学容易把等于号写成赋值号。

（4）格式控制符问题

格式化输入/输出中 long long 和 double 的格式控制符很多同学容易犯错。

例如：

long long 是%lld。

double 是%lf。

（5）如果程序出现了问题，调试时一定要分模块调试，不要从头跟到尾。